中等职业学校信息技术类改革创新系列教材

Flash CS6 动画设计与
制作案例教程

主　编　赵开江　孟　捷

副主编　范建平　王继武　邵黎丽　佘建涛

参　编　董新颐　刘红军　邓长安

主　审　倪　彤

U0316936

中国铁道出版社有限公司
CHINA RAILWAY PUBLISHING HOUSE CO., LTD.

内 容 简 介

本书结合项目实例，深入浅出地讲解了中文版 Flash CS6 的各项功能及其操作技巧。内容包括初识 Flash CS6、图形的绘制与文本的编辑、基础动画、元件与库的使用、滤镜特效的使用、复合动画、ActionScript 基础与基本语句、组件、3D 变形工具和骨骼工具以及综合实例。本书除了绪论以外，每一个项目都通过精选的实例任务来详细分析、讲解具体的知识点，可操作性强。

本书适合作为中等职业学校计算机相关专业的教材，适用于中文版 Flash CS6 的初、中级读者，还可以作为欲从事动画制作行业自学者的学习用书。

图书在版编目（CIP）数据

Flash CS6 动画设计与制作案例教程 / 赵开江，孟捷主编. —北京：
中国铁道出版社，2015.1（2021.6 重印）
中等职业学校信息技术类改革创新系列教材
ISBN 978-7-113-19003-3

Ⅰ. ①F… Ⅱ. ①赵… ②孟… Ⅲ. ①动画制作软件-
中等专业学校 – 教材 Ⅳ. ①TP391.41

中国版本图书馆 CIP 数据核字（2014）第 247106 号

书 名：Flash CS6 动画设计与制作案例教程
作 者：赵开江 孟 捷

策 划：李中宝 尹 娜	编辑部电话：(010) 83527746	
责任编辑：李中宝 何 佳		
编辑助理：祝和谊		
封面设计：刘 颖		
封面制作：白 雪		
责任校对：汤淑梅		
责任印制：樊启鹏		

出版发行：中国铁道出版社有限公司（100054，北京市西城区右安门西街 8 号）
网　　址：http:// www.tdpress.com/51eds/
印　　刷：北京建宏印刷有限公司
版　　次：2015 年 1 月第 1 版 2021 年 6 月第 3 次印刷
开　　本：787mm×1092mm 1/16 印张：14 字数：340 千
书　　号：ISBN 978-7-113-19003-3
定　　价：36.00 元

前言

FOREWORD

Flash 是由美国 Macromedia 公司（已被 Adobe 收购）出品用于矢量图编辑和动画创作的专业软件，被广泛应用于网页设计、教学课件开发、广告片制作等多个应用领域，具有支持交互功能、文件体积小、采用流式播放、播放效果好等特点，深受广大动画设计人员的喜爱。

目前，很多中等职业学校计算机相关专业都开设了 Flash 动画设计与制作这门课程，本教材在深入调查研究的基础上，组织中等职业学校从事一线教学的骨干教师，根据中职学生特点和实际应用的需要编写而成。本教材的编写严格贯彻项目任务教学理念，全书设置了 9 个项目，每个项目由若干具体的任务组成，每个任务都由任务情境、任务分析（含设计思路）、任务实施、相关知识、任务拓展 5 个部分构成，图文并茂，用详细的操作步骤引导学生跟随练习，按照知、会、懂、用的步骤组织教学，符合学生的认知特点，容易激发学生的学习兴趣，教师教起来方便，学生学起来实用。

本教材建议使用 72 学时完成教学任务，具体课时分配如下：

序　号	项　目	课时分配
1	绪论　初识 Flash CS6	2
2	项目一　图形的绘制与文本的编辑	8
3	项目二　基础动画	16
4	项目三　元件与库的使用	6
5	项目四　滤镜特效的使用	6
6	项目五　复合动画	12
7	项目六　ActionScript 基础与基本语句	8
8	项目七　组件	6
9	项目八　3D 变形工具和骨骼工具	4
10	项目九　综合实例	4
	合计	72

本书由赵开江、孟捷任主编，由范建平、王继武、邵黎丽、佘建涛任副主编。滁州市机电工程学校赵开江负责绪论、项目三的编写，滁州市机电工程学校孟捷负责项目二和项目七的编写，宣城市工业学校范建平负责项目一和项目九的编写，全椒县职教中心王继武负责项目四和项目五的编写，滁州市机电工程学校邵黎丽负责项目六的编写，天长市职教中心佘建涛负责项目八的编写。参加编写的还有董新颐、刘红军、邓长安等。全书由赵开江、孟捷撰写提纲并统稿，最后由倪彤主审，并提出了宝贵意见，在此表示诚挚谢意。

由于作者水平有限，书中难免存在疏漏和不妥之处，恳请广大读者批评指正。

编　者

2014 年 7 月

目 录

CONTENTS

绪　　论

初识 Flash CS6

随着个人计算机和互联网的普及，动画也有了飞速的发展。打开计算机，复制文件或移动文件，即是一个简单的动画展示；网上浏览更是进入动画的海洋，如网站的动态片头、动态标志、动画广告等。打开电视机也是随处可见各种动画，如电视节目的片头、动画片、电影特效等。

Flash 是一种交互式矢量动画制作软件，支持动画、声音、视频编辑功能，常用于影视动画制作、电子杂志制作、网站制作、游戏开发、产品演示等。主要特点是制作简单，通用性较好，涉及的领域多，制作出的作品都可以达到非常精致的效果。

【学习目标】

1. 了解 Flash 二维动画制作软件的产生与发展。
2. 认识 Flash 二维动画制作软件的启动和使用界面。

第一节　　Flash CS6 概述

Flash 的前身是 FutureSplash Animator，是世界上第一个商用的二维矢量动画软件，用于设计和编辑 Flash 文档。1996 年 11 月，美国 Macromedia 公司收购了 FutureSplash，并将其改名为 Flash。曾与 Dreamweaver（网页制作工具软件）和 Fireworks（图像处理软件）并称为"网页三剑客"。

2005 年 Macromedia 推出 Flash 8 版本，同时 Flash 也发展成为全球最流行的二维动画制作软件，同年 Macromedia 公司又被 Adobe 公司收购，并于 2008 年发行 Flash CS4。

2012 年 4 月 26 日 Adobe 正式发行了新一代面向设计、网络和视频领域的终极专业套装"Creative Suite 6"（简称 CS6），包含 4 大套装和 14 个独立程序。与此同时，Adobe 还发布了订阅式云服务"Creative Cloud"（创意云），可让用户下载安装任何一款 CS6 程序。到 2013 年 9 月 2 日为止，最新的零售版本为 Adobe Flash Professional CC（2013 年发布）。

Adobe Flash Professional CS6 软件是用于创建动画和多媒体内容的强大的创作平台。设计者身临其境，而且在台式计算机和平板电脑、智能手机和电视等多种设备中都能呈现一致效果的互动体验。Adobe Flash Professional CS6 可方便地将多个符号和动画序列合并为一个优化的子画面从而改善工作流程，使用原生扩展访问设备特有的功能来创作出更加引人入胜的内容。

第二节　　Flash CS6 工作界面

1. 欢迎界面

选择任务栏中"开始"→"所有程序"→"Adobe"→"Adobe Flash Professional CS6"命令，启动 Flash CS6 软件。进入如图 0-2-1 所示的欢迎界面，主要包括 4 个模块。

图 0-2-1　欢迎界面

"从模板创建"：在该选项区的列表中选择相应的模板类别选项，即可弹出"从模板创建"对话框，并自动切换到所选的模板类别，如图 0-2-2 所示，在"模板"列表中选择合适的模板，单击"确定"按钮，即可创建该模板文件。

图 0-2-2　"从模板创建"对话框

"新建"：该区域用于选择新创建的内容，单击相应的文档类型即可自动创建默认设置的该类型文档。

"学习"：该区域中提供了相关功能的学习资源，选择相应的选项即可在浏览器窗口中打开 Adobe 官方网站所提供的相关内容介绍页面。

"打开最近的项目"：该区域中显示了最近打开过的 Flash 文档，单击相应的文档，即可快速打开该文档。如果选择"打开"选项，则会弹出"打开"对话框，可以在该对话框中浏览到需要打开的 Flash 文档。

2. 工作界面

选择欢迎界面中"新建"→"ActionScript 3.0"选项，新建一个 Flash 文档，出现 Flash CS6 的工作界面，如图 0-2-3 所示。Flash 在每次版本升级时都会对界面进行优化，以提高设计人员的工作效率。Flash CS6 的工作界面更具亲和力，使用也更加方便。下面介绍几种主要的功能。

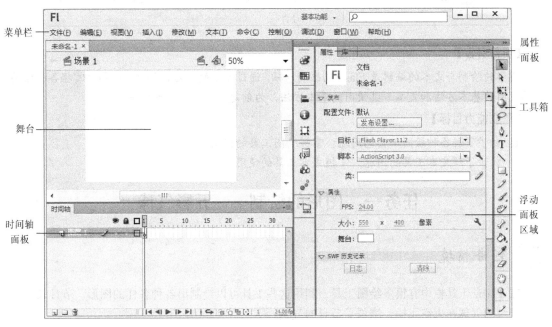

图 0-2-3　Flash CS6 的工作界面

"菜单栏"：在菜单栏中分类提供了 Flash CS6 中所有的操作命令，几乎所有的可执行命令都可在这里直接或间接地找到相应的操作选项。

"舞台"：即动画显示的区域，用于编辑和修改动画。

"属性面板"：属性面板是一个非常实用而又比较特殊的面板，在属性面板中并没有固定的参数选取项，它会随着选择对象的不同而出现不同的选项设置，这样可以很方便地设置选择对象的属性。

"'时间轴'面板"："时间轴"面板也是 Flash CS6 工作界面中的浮动面板之一，是 Flash 制作中操作最为频繁的面板之一，几乎所有的动画都需要在"时间轴"面板中进行制作。

"浮动面板区域"：用于配合场景、元件的编辑和 Flash 的功能设置，在"窗口"菜单中执行相应的命令，可以在 Flash CS6 的工作界面中显示/隐藏相应的面板。

"工具箱"：在工具箱中提供了 Flash 中所有的操作工具，以及工具的相应设置选项，通过这些工具可以在 Flash 中进行绘图、调整等相应的操作。

 任务拓展

熟悉 Flash CS6 工作界面各部分的功能。

项 目 一

图形的绘制与文本的编辑

【项目引言】

图形的绘制与文本的编辑是 Flash 动画的基础，通过本节的学习，我们可以初步掌握各种绘图工具使用的基本方法和文本工具使用的基本方法，为创建各种动画角色打下基础。

【职业能力目标】

1. 初步了解各种绘图工具的用途；掌握绘图工具的使用。
2. 初步了解文本工具的用途；掌握文本工具的使用。

任务一　图形的绘制——五彩气球

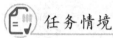 任务情境

在 Flash 工具栏中有很多绘图工具，利用这些工具可以绘制出各种各样的图形。节日来临，五彩缤纷的气球在天空飞扬，增添了节日的气氛。

 任务分析

五彩气球的效果如图 1-1-1 所示。

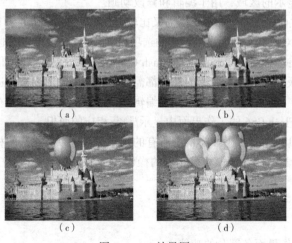

（a）　　　　　　　　　（b）

（c）　　　　　　　　　（d）

图 1-1-1　效果图

【设计思路】

（1）新建 Flash 文档，然后将素材导入库中。

（2）使用椭圆工具和颜料桶工具制作一个蓝色的气球。

（3）使用矩形工具和选择工具给气球添加光泽。

（4）通过复制，制作出 5 个气球。

（5）用颜料桶工具调整其颜色，制作出 5 个不同颜色的气球。

任务实施

1．新建文档，导入背景，制作彩色气球

① 新建 Flash 文档，以"气球"为名称进行保存，然后将素材导入库中。将图层 1 重命名为"背景"，将"库"面板中的背景图片拖到舞台上。按【Ctrl+K】组合键打开"对齐"面板，利用其中工具将背景图片与舞台大小匹配并对齐，如图 1-1-2 所示。

图 1-1-2 "对齐"面板的设置

② 在背景图层上方新建"气球"图层，使用椭圆工具绘制图形，并使用任意变形工具进行调整。选择颜料桶工具，设置填充类型为径向渐变，再设置其颜色，然后对图形进行填充，如图 1-1-3 所示。

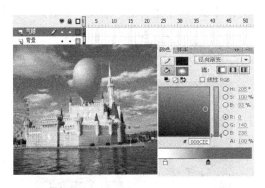

图 1-1-3 气球"径向渐变"设置

③ 在气球图层上方新建"光泽"图层，使用矩形工具绘制两个矩形作为"光泽"，再使用选择工具对其进行调整。选择颜料桶工具，填充为白色，设置左边光泽颜色的 Alpha 值为 50%，右

边的 Alpha 值为 25%，如图 1-1-4 所示。

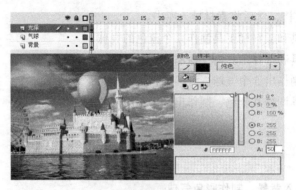

图 1-1-4　矩形填充设置

④ 在气球图层上方新建"绳子"图层。选择刷子工具，设置形状大小，在气球下方绘制绳子，将多余线条删除，如图 1-1-5 所示。

图 1-1-5　绘制绳子

2. 通过复制，创建多个气球

① 选择气球、光泽和绳子 3 个图层的图形进行复制。在绳子图层上方新建"多球"图层，把复制对象粘贴在此图层，并按【Ctrl+G】组合键，组成一个对象，如图 1-1-6 所示。

图 1-1-6　组合对象

② 将刚刚组合的气球进行 4 次复制粘贴，制作出 5 个气球，并逐一调整合适的颜色与位置，如图 1-1-7 所示。

图 1-1-7　调整气球的颜色

3．保存文件，测试动画

选择"文件"→"保存"命令，选择保存位置，将做好的动画文件存盘，按【Ctrl+Enter】组合键测试动画。

 相关知识

1．线条工具

用途：线条工具主要用于绘制线段。

（1）线条的属性设置

线条的属性主要有笔触颜色、笔触高度和笔触样式 3 种，可以在"属性"面板中进行设置，使用【Ctrl+F3】快捷键即可打开"属性"面板，如图 1-1-8 所示。笔触颜色也可以在"绘图工具栏"中进行设置，如图 1-1-8 所示。

图 1-1-8　线条的属性设置

（2）线条工具的操作方法

① 单击"绘图工具栏"上的"线条工具"按钮。

② 在舞台上按住鼠标左键，并从起点一直拖到终点，然后释放，在起点和终点之间就会生成一条直线。

技巧： 在用"线条工具"画直线时，按住【Shift】键沿水平或垂直方向拖动鼠标，可以绘制水平线或垂直线；沿左上角或右下角拖动鼠标可绘制倾斜 45°的直线。

2．钢笔工具

用途： 钢笔工具可以对绘制的图形进行非常精确的控制，对绘制的节点、节点的方向等都可以很好地控制，因此钢笔工具适合于喜欢精准绘制的设计人员。选择工具箱中的钢笔工具或按【P】键，即可调用该工具。

（1）设置钢笔工具属性

选择"钢笔工具"，展开钢笔工具的属性面板，在此面板中，可以设置笔触高度、笔触颜色及笔触类型等参数，如图 1-1-9 所示。

（2）钢笔工具的操作方法

① 用钢笔工具绘制线条。使用钢笔工具可以绘制出非常复杂的线条效果，如果在舞台上的多个地方单击，那么各个单击点将会依次连接，形成一条折线。如果将"单击"改成"按住鼠标左键拖动"，那么就可以创建曲线了，如图 1-1-10 所示。

图 1-1-9　钢笔工具属性设置

图 1-1-10　钢笔工具的使用

在按住左键进行拖动时，开始拖动的位置将形成"控制点"，像一个钉子一样将曲线钉住，不管以后怎么调整，曲线一定会经过这个点；拖动之后就会出现"控制柄"，它决定了曲线的走向，如图 1-1-10 所示。

② 编辑路径节点。钢笔工具除了具有绘制图形的功能外，还可以进行路径节点的编辑工作，同时，使用钢笔工具创建的线条还可以使用"部分选取工具"进行调整，两种工具配合使用，能够创建出复杂、丰富的图形效果。

3．矩形工具

用途： 矩形工具用于绘制矩形、正方形等图形。在工具箱中选择"矩形工具"或按【R】键，即可调用该工具。

（1）设置矩形工具属性

打开"矩形工具"的属性面板，在矩形工具属性面板中，笔触颜色、笔触高度、笔触样式、端点、接合等参数跟线条工具属性面板中的相应选项含义是相同的，面板左下方的矩形边角半径参数常用于绘制圆角矩形，如图 1-1-11 所示。

（2）矩形工具的操作方法

① 绘制矩形。选定矩形工具后，将鼠标指针置于舞台中，鼠标指针就会变为十字形状，单击并拖动鼠标即可以单击点为起点绘制一个矩形。

② 绘制正方形。使用矩形工具绘制时，按住【Shift】键不放可以绘制正方形；按住【Alt】不放，可以以单击点为中心进行绘制；若按住【Shift+Alt】组合键，则可以单击点为中心绘制正方形。

③ 绘制圆角矩形。可以在矩形工具属性面板中对"矩形边角半径"等参数进行相关设置，以绘制出圆角矩形等用户需要的图形。

图 1-1-11　矩形工具属性

需要注意的是：要想使用矩形工具绘制圆角矩形，必须在绘制之前进行圆角的设置。

4．基本矩形工具

基本矩形工具常用于绘制圆角矩形。在矩形工具组的下拉工具列表中选择"基本矩形工具"或按住【R】键，即可调用该工具。多次按【R】键可以在"矩形工具"和"基本矩形工具"之间进行切换。

基本矩形工具的属性面板与矩形工具的相同，各个参数的含义也一样。

使用"基本矩形工具"绘制矩形的方法和"矩形工具"相同，只是在绘制完毕后矩形的 4 个角会出现 4 个圆形的控制点，使用"选择工具"拖住控制点可以调整矩形的圆角半径，如图 1-1-12 所示。

（a）

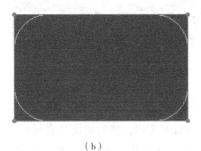

（b）

图 1-1-12　基本矩形工具的使用

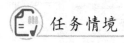 **任务拓展**

试一试，能否制作一些在天空中飘扬的五彩缤纷的热气球。

任务二　图形的绘制——雨伞

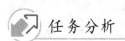 **任务情境**

在一片广阔的草原上，天空乌云翻滚，眼看一场大雨就要来临，如果你在那里，这时你一定想要一把雨伞。看，这里就有一把色彩鲜艳的雨伞。

任务分析

雨伞的效果如图 1-2-1 所示。

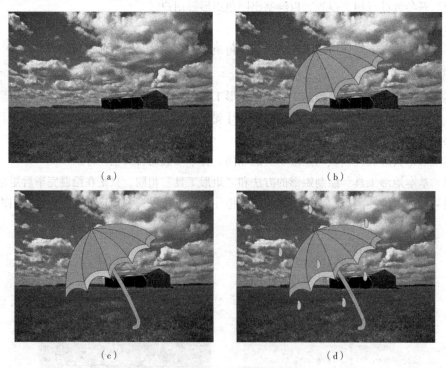

（a）　　　　　　　　　　（b）

（c）　　　　　　　　　　（d）

图 1-2-1　效果图

【设计思路】

（1）新建 Flash 文档，然后将图片素材导入库中。

（2）用线条工具和颜料桶工具分别制作伞面、伞柄等。

（3）使用钢笔工具绘制雨滴。

任务实施

1. 新建文档，导入背景，制作伞面

① 新建 Flash 文档，以雨伞为名称进行保存，然后将图片素材导入库中。将图层 1 图层重命名为"背景"，将库中的背景图片拖到舞台上。按【Ctrl+k】组合键打开"对齐"面板，利用其中的工具将背景图片与舞台大小匹配并对齐，如图 1-2-2 所示。

图 1-2-2　"对齐"面板的设置

② 在背景图层上方新建"伞"图层。使用线条工具绘制伞面，在伞面中用椭圆工具画一个半圆作为伞顶，并使用选择工具调整伞面和伞顶的线条使其圆滑，使用颜料桶工具对伞面填充颜色，如图 1-2-3 所示。

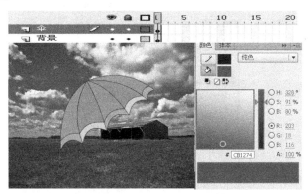

图 1-2-3　伞面颜色设置

2. 制作伞柄和雨滴

① 使用线条工具绘制伞柄，使用选择工具对线条进行调整，使用颜料桶工具对伞柄填充颜色，如图 1-2-4 所示。

② 在"伞"图层上方新建"雨滴"图层。使用钢笔工具绘制雨滴，然后用颜料桶工具填充颜色，最后复制若干个雨滴，放置在场景的不同位置，如图 1-2-5 所示。

3. 保存文件，测试动画

选择菜单栏上的"文件"→"保存"命令，选择保存位置，将做好的动画文件存盘。按【Ctrl+Enter】键测试动画。

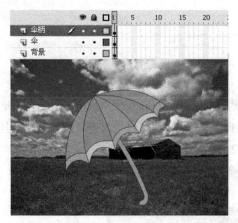

图 1-2-4　制作伞柄

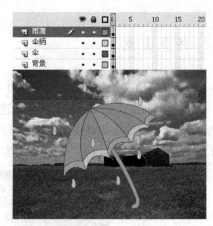

图 1-2-5　制作雨滴

 相关知识

1. 椭圆工具

用途：用椭圆工具可以很轻松地画出一个椭圆或者圆。

（1）设置椭圆工具属性

可在其属性面板中进行相关设置，包括开始角度、结束角度、内径及闭合路径等参数，如图 1-2-6 所示。

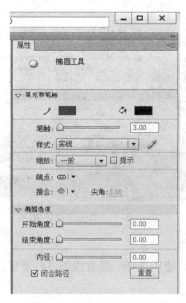

图 1-2-6　椭圆工具属性

① 开始角度：表示椭圆开始的角度，常用于绘制扇形。

② 结束角度：表示椭圆结束的角度，常用于绘制扇形。

③ 内径：表示绘制的椭圆内径，常用于绘制圆环。

④ 闭合路径：在设定了起始角度后，当选择该复选框时，绘制的是闭合路径图形，反之绘制曲线条。

（2）椭圆工具的操作方法

① 绘制基本椭圆。选择"椭圆工具"后，将鼠标移至舞台，单击鼠标左键并拖动鼠标即可绘制出一个椭圆。

② 绘制正圆。若在绘制时按住【Shift】键不放，可以绘制出一个正圆；若绘制时按住【Alt】键不放，则可以单击点为圆心进行绘制；若绘制同时按住【Shift+Alt】组合键不放，则可以单击点为圆心绘制正圆。

③ 绘制扇形、圆环。在绘制椭圆时，如果用户设定了起始角度与结束角度值，则可以绘制扇形；如果设定了内径值，则可以绘制圆环，如图 1-2-7 所示。

扇形 1   扇形 2   圆环 1   圆环 2

图 1-2-7

2．基本椭圆工具

基本椭圆工具常用于绘制扇形、圆环等。在矩形工具组的下拉工具列表中选择"基本矩形工具"或按【O】键，即可调用该工具。多次按【O】键可以在"椭圆工具"和"基本椭圆工具"之间进行切换。

基本椭圆工具的属性面板与椭圆工具的相同，各个参数的含义也一样，使用"基本椭圆工具"绘制椭圆的方法和使用"椭圆工具"的方法相同，只是在绘制完毕后，椭圆上多出几个圆形的控制点，使用"选择工具"拖动控制点可以分别对椭圆起点的开始角度、结束角度和内径进行调整，如图 1-2-8 所示。

图 1-2-8 基本椭圆工具的使用

任务拓展

试一试，能否制作其他样式的雨伞。

任务三　图形的绘制——可爱的企鹅

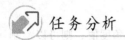

任务情境

看在冰天雪地中一只憨态可掬的企鹅正向你走来。

任务分析

企鹅效果如图 1-3-1 所示。

　　　　（a）　　　　　　　　　　　　　　　　（b）

图 1-3-1　效果图

【设计思路】

（1）新建 Flash 文档，设置文档属性，导入图片素材。

（2）分别绘制企鹅的足、翅、躯干、腹、眼、嘴。

（3）把绘制的各部分移到同一个图层，并组合为一个对象。

任务实施

1. 新建文档，导入背景，绘制企鹅躯干和腹部

① 新建 Flash 文档，以"企鹅"为名称进行保存，然后将图片素材导入库中。将图层 1 重命名为"背景"，将库中的背景图片拖入舞台，并用选择工具调整其大小、位置，如图 1-3-2 所示。

图 1-3-2　调整背景图片

②　在背景图层上方新建"躯干"图层。使用椭圆工具绘制企鹅的"躯干"，并使用任意变形工具调整其大小和位置，利用颜料桶工具把椭圆填充为黑色，如图 1-3-3 所示。

③　在"躯干"图层上方新建"腹部"图层。使用椭圆工具绘制图形，再使用任意变形工具调整其大小和位置，最后用颜料桶工具填充颜色，如图 1-3-4 所示。

图 1-3-3　绘制躯干

图 1-3-4　绘制腹部

2．绘制企鹅眼睛、嘴、翅膀、足

①　在"腹部"图层上方新建"眼睛"图层。使用椭圆工具绘制图形，再使用任意变形工具调整其大小和位置，最后用颜料桶工具填充颜色，如图 1-3-5 所示。

②　在"眼睛"图层上方新建"嘴"图层。使用矩形工具绘制图形，再使用任意变形工具调整其大小和位置，最后用颜料桶工具填充颜色，如图 1-3-6 所示。

图 1-3-5　绘制眼睛

图 1-3-6　绘制嘴

③　在"躯干"图层下方新建"翅膀"图层。使用矩形工具绘制图形，再使用任意变形工具调整其大小和位置，最后用颜料桶工具填充颜色，如图 1-3-7 所示。

④　在"翅膀"图层下方新建"足"图层。使用椭圆工具绘制图形，再使用任意变形工具调整其大小和位置，最后用颜料桶工具填充颜色，如图 1-3-8 所示。

3．保存文件，测试动画

选择菜单栏上的"文件"→"保存"命令，选择保存位置，将做好的动画文件存盘。按【Ctrl+Enter】组合键测试动画。

图 1-3-7　绘制翅膀　　　　　　　　　　　图 1-3-8　绘制足

 相关知识

1. 颜料桶工具

用途：颜料桶工具可以为封闭的区域填充颜色。它能够将空白区域填色并改变已有的颜色。可以填充固定色，也可以填充渐进色，还可以填充位图色。也可以利用颜料桶调整渐进色和位图色的大小、方向和中心点。

（1）设置颜料桶工具属性

打开"颜料桶工具"的属性面板，可以在其中修改填充颜色，修改笔触颜色。

选择颜料桶工具后，单击其选项区中的"空隙大小"下拉按钮，在弹出的下拉菜单中选择不同的选项，可设置对封闭区域或带有缝隙的区域进行填充，如图 1-3-9 所示。

（a）　　　　　　　　　　　　　　　　　　　（b）

图 1-3-9　颜料桶工具属性设置

（2）颜料桶工具的操作方法

运用颜料桶填充固定色：

① 选取颜料桶工具。

② 选择填充颜色。

③ 选择缺口大小。

④ 点击某一形状或者封闭区域。

注意：放大或缩小会改变图形的表现，但并不影响缺口的实际大小。如果缺口过大，只好手工进行关闭了。

运用颜料桶调整渐进色或位图填色：

① 选取颜料桶。

② 点击颜色面板。

③ 点击用渐进色或位图填色的区域。

④ 改变渐进色填色的形状采用如下方法：

- 如欲重置渐进色或位图填色的中心点，拖动中心点即可，如图 1-3-10 所示。
- 要修改渐进色或位图填色的宽度，拖动边框上的方形把柄进行调整，如图 1-3-11 所示。
- 要改变位图填色的高度，拖动边框底部的方形把柄进行调整，如图 1-3-12 所示。
- 要旋转渐进色或位图填色，拖动线性渐进或位图填色中心的圆形旋转把柄，也可以拖动圆形渐进色或填色的边界较低处的把柄，如图 1-3-13 所示。

 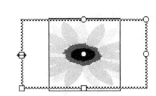 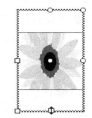 

图 1-3-10　重置中心点　　图 1-3-11　修改宽度　　图 1-3-12　修改高度　　图 1-3-13　旋转渐进色

- 要缩放线性渐进色或填色，拖动边框中间的方形把柄进行调整，如图 1-3-14 所示。
- 要改变圆形渐进色的半径，拖动边界上中间的圆形把柄进行调整，如图 1-3-15 所示。
- 要想在某个形状之内倾斜填色，拖动边框顶部或右边的圆形把柄进行调整，如图 1-3-16 所示。
- 要想在某个形状之内铺设位图，缩放填色即可，如图 1-3-17 所示。

  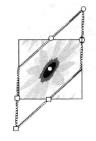 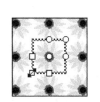

图 1-3-14　缩放渐进色　　图 1-3-15　改变半径　　图 1-3-16　倾斜填色　　图 1-3-17　铺设位图

2．墨水瓶工具

用途：墨水瓶工具可以用来改变线条颜色、宽度和类型，还可以为只有填充的图形添加边缘线条。单击工具箱中的"墨水瓶工具"按钮或按【S】键，可调用该工具。

（1）设置"墨水瓶工具"的属性

"墨水瓶工具"的"属性"面板与"线条工具"的"属性"面板类似，可用于修改笔触颜色和笔触样式，如图1-3-18所示。

图 1-3-18 墨水瓶工具的属性

（2）墨水瓶工具的操作方法

① 使用墨水瓶工具修改已有的线条。

在"墨水瓶工具"属性面板中设置好相应参数后，将鼠标指针移至舞台上，当其变为 形状时，在图形的边缘处单击，即可修改图形的边缘线条，如图1-3-19所示。

图 1-3-19 修改图形边框

② 使用墨水瓶工具为填充图形添加线条。

在"墨水瓶工具"属性面板中设置好参数后，将鼠标指针移至舞台上，并在图形的内部或边缘处单击，可为其添加线条，如图1-3-20所示。

图 1-3-20 添加图形边框

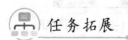 任务拓展

试一试，能否制作鲨鱼或飞机。

任务四　文本编辑——立体文字

 任务情境

　　在 Flash 中利用文本工具可创建静态文本对象、动态文本对象及输入文本对象。本例首先制作两个带有倒影的立体文字，背景以蓝色为基调，看似玻璃面，这样更衬托出立体文字的立体感。

任务分析

　　立体文字效果如图 1-4-1 所示。

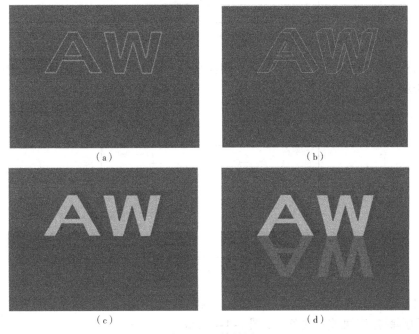

　　（a）　　　　　　　　　　　（b）

　　（c）　　　　　　　　　　　（d）

图 1-4-1　效果图

【设计思路】

（1）新建 Flash 文档，把图层 1 命名为"正立文字"，并在舞台上输入两个字母"AW"。

（2）调整文字大小和字体，然后打散，添加轮廓，再删除其中的填充。

（3）复制一份，调整到适当的位置，删除与正面相交的线条。

（4）正面填充浅绿色，侧面填充深绿色。选中制作完成的立体字，按【F8】键，把它改变为图形元件。

（5）同样的方法把"AW"制作成倒立的文字，也把它改变为图形元件，并调整其 Alpha 为28%，再调整其位置，与正立的立体文字上下对接。

（6）在文档属性面板中，改变文档的背景为蓝色。

任务实施

1. 新建文档，输入字母并添加轮廓

① 新建 Flash 文档，把图层 1 命名为"正立文字"，并在舞台上输入两个字母"AW"，如图 1-4-2 所示。

图 1-4-2　输入两个字母并设置其属性

② 调整文字大小和字体，然后打散，用墨水瓶工具添加轮廓线，再删除其中的填充，如图 1-4-3 所示。

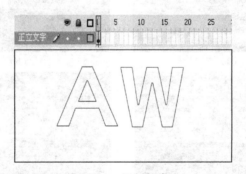

图 1-4-3　添加轮廓线

③ 复制一份，并调整其线条颜色为红色，调整到适当的位置，把两个字对应的拐角用线条相连，然后删除与正面相交的线条，如图 1-4-4 所示。

2. 复制轮廓线，并填充颜色

① 用颜料桶工具进行填充，正面填充浅绿色，侧面填充深绿色。删除所有轮廓线，选中制作完成的立体字，按【F8】键，把它改变为图形元件，如图 1-4-5 所示。

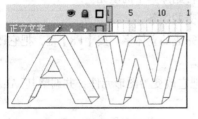

图 1-4-4　制作立体轮廓线

图 1-4-5　填充颜色并转换为元件

② 新建图层并命名为"倒立文字"，把已完成的立体文字元件复制一份粘贴在该图层的第 1 帧，把复制的对象转换为图形元件，选中该图形元件，按【Alt+M+T+V】组合键使其倒立，在属性面板中设置其 Alpha 值为 35%，如图 1-4-6 所示。

③ 在文档属性面板中，改变文档的背景为蓝色，保存文件，如图 1-4-7 所示。

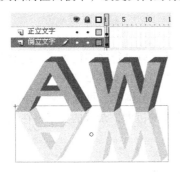

图 1-4-6　制作立体文字倒影

图 1-4-7　设置文档背景色

3. 保存文件，测试动画

选择菜单栏上的"文件"→"保存"命令，选择保存位置，将做好的动画文件存盘。按【Ctrl+ Enter】组合键测试动画。

 相关知识

文本工具

用途：在 Flash 作品中输入文字。单击工具箱中的"文本工具"或按【T】键，可调用该工具。

（1）设置文本工具属性

单击"文本工具"展开文本工具的"属性"面板，在此面板中可以设置文本类型、字体大小、字体格式等字体的相关属性，文本类型下拉列表中提供了 3 种文本类型，分别为静态文本、动态文本和输入文本，如图 1-4-8 所示。

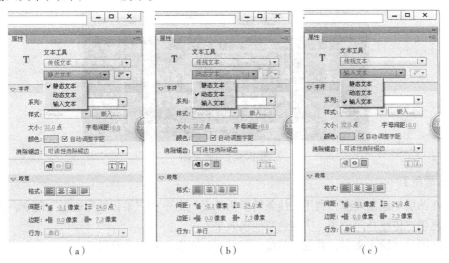

（a）　　　　　　　　　　（b）　　　　　　　　　　（c）

图 1-4-8　3 种文本属性对话框

① **静态文本**：如名称一样，即静态的文本，是 Flash 中默认的文本类型。

② **动态文本**：是可以随时更新信息的文本。

③ **输入文本**：在输出播放文件时，可以实现文字输入的功能，能够通过用户的输入得到特定的信息，如用户名称、用户密码等。

（2）文本工具的操作方法

一般来说，输入文本有两种办法：

① **单击输入**：使用"文本工具"在画面上单击，就可以进行文字输入了。这时会看到一个右下角有小圆圈的文本输入框，这个文本框可以根据文本内容自动调整宽度。

② **拖框输入**：使用"文本工具"在画面上拖出文字的范围框。可以看到文本框的右上角出现了一个小方框，右上角带有小方框的文本框限制了文本的范围，录入的文字将在规定的范围内呈现。

 任务拓展

试一试，制作内容为"MV"的立体文字。

任务五　文本编辑——霓虹灯效果文字

 任务情境

夜幕降临，商店的大门上方的霓虹灯效果的文字在不断变换，招揽顾客。

 任务分析

文字效果如图 1-5-1 所示。

图 1-5-1　效果图

【设计思路】

（1）在图层 1 绘制线框，利用"线条转换为填充"命令和"柔化填充边缘"命令，使线框变得柔和，再创建传统补间动画，实现色彩变换效果。

（2）在图层 2 输入文字，并创建传统补间动画，实现色彩变换效果。

任务实施

1. 新建文档，制作霓虹灯效果的边框

① 新建 Flash CS6 文件，单击"属性"面板中的"编辑"按钮，设置舞台属性，其中，尺寸为 550 像素 × 200 像素，背景颜色为黑色，其余采用默认值，把图层 1 命名为"边框"，如图 1-5-2 所示。

图 1-5-2　文档属性设置

② 单击工具箱中的"线条工具"按钮 ＼，设置笔触颜色为红色，笔触高度为 2.00，样式为实线，在舞台上绘制一条直线，如图 1-5-3 所示。

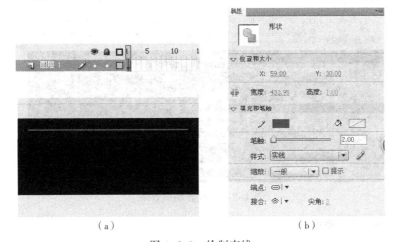

（a）　　　　　　　　　　（b）

图 1-5-3　绘制直线

③ 选中所绘线条，然后选择"编辑"→"形状"→"将线条转换为填充"命令；再选择"编辑"→"形状"→"柔化填充边缘"命令，参数设置如图 1-5-4 所示。

图 1-5-4　柔化填充边缘

④ 选择处理后的线条，复制出另外 3 个线条，调整成如图 1-5-5 所示形状。

图 1-5-5　复制处理后的线条

2．制作色彩变幻的文字

① 新建"图层 2"命名为"文字"，并输入"欢迎光临"，调整文字的字体、字号及位置，如图 1-5-6 所示。

图 1-5-6　输入文字

② 在图层 1、图层 2 中分别插入关键帧，再创建传统补间动画，最后设置每个关键帧上的文字效果，如图 1-5-7 所示。

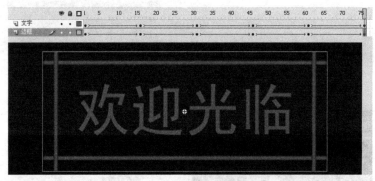

图 1-5-7　设置动画效果

3．保存文件，测试动画

选择菜单栏上的"文件"→"保存"命令，选择保存位置，将做好的动画文件存盘。按【Ctrl+Enter】组合键测试动画。

 相关知识

1．将线条转换为填充

用途：在制作动画过程中，常常需要将线条转换为填充。"将线条转换为填充"命令可以实现对线条的填充。

操作方法：

① 绘制一条 60 像素的直线，选择图形的中需要转换为填充的线条，如图 1-5-8 所示。

图 1-5-8 绘制线条

② 选择"修改"→"形状"→"将线条转换为填充"命令，选定的线条将转换为填充形状。

③ 选择线条，在"属性"面板中设置填充颜色，设置笔触高度 20 像素，设置填充色为蓝色，如图 1-5-9 所示。

图 1-5-9 设置填充色

④ 选择工具箱中的墨水瓶工具，对填充的线条重新进行描边处理，设置笔触颜色为红色，如图 1-5-10 所示。

图 1-5-10 设置笔触颜色

2. 柔化填充边缘

用途："柔化填充边缘"是对图形的轮廓进行放大或缩小填充。可以在填充边缘产生多个逐渐透明的图形层，形成边缘柔化的效果。

选择单个或多个填充图形，选择"修改"→"形状"→"柔化填充边缘"命令，弹出"柔化填充边缘"对话框，如图 1-5-11 所示。

"柔化填充边缘"对话框中的各选项含义如下。

距离：边缘柔化的范围，数值为 1～144 像素。

步骤数：柔滑边缘生成的渐变层数，最多可以设置 50 个层。

图 1-5-11 "柔化填充边缘"对话框

方向：选择边缘柔化的方向是向外扩散还是向内插入，即柔化边缘时是放大还是缩小形状。

 任务拓展

试一试，制作一个以优美的风景为背景，上面绘制一个绚丽的彩虹。

项 目 二

基 础 动 画

【项目引言】

能够熟练使用 Flash CS6 的工具绘制图形和编辑文本后，就可以开始我们的"动画"之旅了。Flash CS6 制作动画的方式分别是逐帧动画和补间动画，而补间动画又分成形状补间动画和动作补间动画。

【职业能力目标】

1. 理解和掌握时间线、和帧的概念。

2. 了解逐帧动画的基础知识；在制作简单的逐帧动画的基础上，制作复杂逐帧动画。

3. 能够熟练创建关键帧和空白关键帧，将图片导入"库"中，并学会如何使用"库"中的图片。

4. 了解形状补间动画的概念，能够熟练制作形状补间动画。

5. 熟练掌握传统补间动画的制作原理；能够利用多个图层制作多个对象的传统补间动画效果；在能够制作简单的传统补间动画的基础上，进一步掌握动作补间动画的制作流程；能够熟练制作动作补间动画。

任务一　逐帧动画——霓虹灯

 任 务 情 境

Flash 动画中，逐帧动画是最基本的一种动画，通常由多个连续的关键帧组成，各帧中的内容相对独立。它适用于每一帧内容都发生变化的动画，给每个关键帧创建不同的内容，将其连续地排列在一起形成动画效果。

夜晚的城市，灯火通明，霓虹闪烁，这些绚丽的霓虹灯很吸引人眼球。那么就让我们一起来制作霓虹灯效果吧。

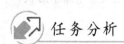 任 务 分 析

霓虹灯效果如图 2-1-1 所示。

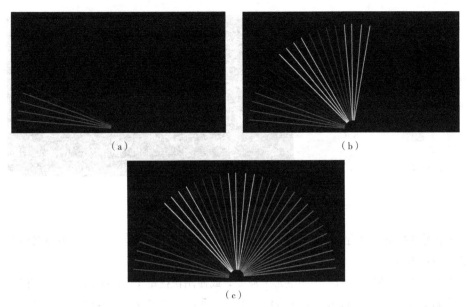

（a）　　　　　　　　　　　　（b）

（c）

图 2-1-1　效果图

【设计思路】

（1）绘制霓虹灯。

（2）制作逐个亮起的霓虹灯。

（3）制作霓虹灯的整体闪烁效果。

任务实施

1. 新建文件，制作霓虹灯

① 新建 Flash CS6 文件，单击"属性"面板中的"编辑"按钮 ，设置舞台属性，其中，尺寸为 550 像素 × 300 像素，背景颜色为"#000000"，其余采用默认值，如图 2-1-2 所示。

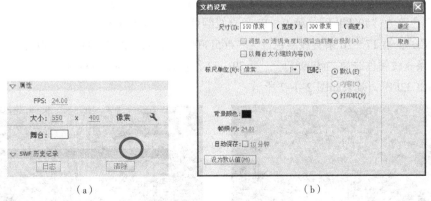

（a）　　　　　　　　　　　　　　（b）

图 2-1-2　"文档属性"设置

② 单击工具箱中的"线条工具"按钮 ，设置笔触颜色为"#00FF00"，笔触高度为 2.00，样式为实线，在舞台上绘制一条直线，属性设置如图 2-1-3 所示。

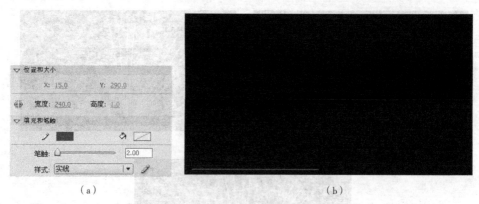

(a)   (b)

图 2-1-3　线条工具属性设置

③ 选中所绘线条，单击工具箱中的"任意变形工具"按钮，将线条的中心点移至线条右侧，如图 2-1-4 所示。

④ 选择菜单栏上的"窗口"→"变形"命令，或使用快捷键【Ctrl+T】组合键，打开"变形"面板，设置旋转值为"5"，如图 2-1-5 所示。单击"重置选区和变形"按钮数次，直至线条组合成一个扇形，如图 2-1-6 所示。

图 2-1-4　线条中心点设置   图 2-1-5　变形设置

⑤ 单击工具箱中的"选择工具"按钮，按住【Shift】键，选中第 5～8 条直线，在属性栏中将线条颜色改为"#0000FF"，第 9～12 条直线颜色改为"#FFFF00"，第 13～16 条直线颜色改为"#6600CC"，第 17～20 条直线颜色改为"#65FF00"，第 21～24 条直线颜色改为"#FF0032"，第 25～28 条直线颜色改为"#0098FF"，第 29～32 条直线颜色改为"#666600"，最后 3 条直线颜色改为"#CC32FF"，效果如图 2-1-7 所示。

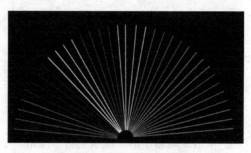

图 2-1-6　变形后的线条形状   图 2-1-7　线条颜色

2．制作逐个亮起的霓虹灯

① 用鼠标选择第 36 帧，按【F6】键插入关键帧，或在第 36 帧处右击，在弹出的快捷菜单中选择"插入关键帧"命令，如图 2-1-8 所示。

图 2-1-8　时间轴状态 1

② 按住鼠标左键，拖动鼠标，选中第 2～35 帧，右击在弹出的快捷菜单中选择"转换为关键帧"命令，将中间的所有帧全部转换为关键帧，如图 2-1-9 所示。

图 2-1-9　时间轴状态 2

③ 单击时间轴第 1 帧，删除所有线条，单击时间轴第 2 帧，保留第 1 条线，删除第 1～35 条线，单击时间轴第 3 帧，保留第 1、2 条线，删除第 3～35 条线，依此类推，第 35 帧删除最后一条线条，第 36 帧保持所有线条不变，如图 2-1-10 所示。

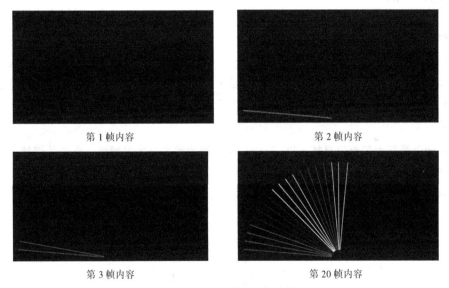

第 1 帧内容　　　　　　　　　　　　　第 2 帧内容

第 3 帧内容　　　　　　　　　　　　　第 20 帧内容

图 2-1-10　不同帧处的舞台效果

3．制作闪烁的霓虹灯

① 鼠标分别选择第 50、58 帧，按【F6】键插入关键帧。

② 鼠标拖动同时选择第 51～57 帧，右击在弹出的快捷菜单中选择"转换为关键帧"命令，如图 2-1-11 所示。

图 2-1-11　时间轴状态 3

③ 依次删除第 51、53、55、57 帧的内容，如图 2-1-12 所示。

图 2-1-12 时间轴状态 4

④ 单击第 70 帧,按【F5】键插入普通帧,延长霓虹灯在舞台上显示的时间,时间轴最终效果如图 2-1-13 所示。

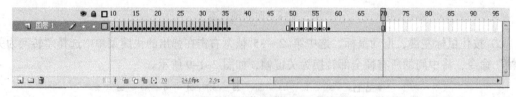

图 2-1-13 时间轴最终状态

4.保存文件

选择"文件"→"保存"命令,然后按【Ctrl+Enter】组合键测试动画。

 相关知识

1.时间线

Flash 动画实际上是一种基于时间线的帧动画,通过连续播放时间线上的帧来实现动画效果,就像观看电影一样,按照从左到右的顺序连续播放,通过帧频和间隔帧的数量来控制播放速度,Flash CS6 默认的帧频是 24 帧/秒,即每秒钟播放 24 帧。

2.帧

Flash 动画最基本的单位是帧。Flash CS6 中,帧的种类分为关键帧、空白关键帧和普通帧 3 类,三者可以相互转换,在时间轴中用不同的标志来显示,如图 2-1-14 所示。

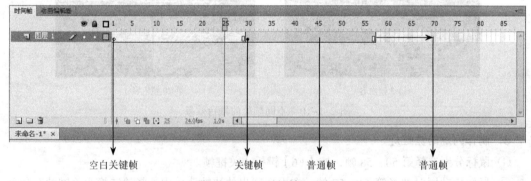

空白关键帧　　　　　关键帧　　普通帧　　　　　　普通帧

图 2-1-14 "时间轴"面板

（1）关键帧

关键帧体现了动画播放过程中关键性动作的变化,是 Flash 动画中最重要的帧,尤其在补间动画中,关键帧决定了动画的开始和结束。

在时间轴中插入关键帧的方法是:鼠标选中要插入关键帧的具体位置并右击,在弹出的快捷菜单中选择"插入关键帧"命令,或按快捷键【F6】,即可添加完成。

（2）空白关键帧

空白关键帧在时间轴中显示为一个空心的圆，在这个帧中没有任何内容，它的作用是将两个相连的动作补间动画分隔开或者结束前一个关键帧中的内容。

在时间轴中插入空白关键帧的方法是：鼠标选中要插入空白关键帧的具体位置并右击，在弹出的快捷菜单中选择"插入空白关键帧"命令，选中的帧上出现一个空心的圆，表示添加完毕。

（3）普通帧

普通帧一般只作为关键帧内容的延续或过渡，用来延长动画播放的时间，控制播放速度。

在时间轴中插入普通帧的方法是：鼠标选中要插入普通帧的具体位置并右击，在弹出的快捷菜单中选择"插入帧"命令，或按快捷键【F5】，即可添加完成。

 任务拓展

试一试，能否制作其他样式的霓虹灯效果。

任务二　逐帧动画——写字效果

 任务情境

传承了中华千年文明的中国书法，以其独特的魅力风靡全国，下面就让我们一起用逐帧动画的方式体验一回中国书法吧。在米字格中，一笔一画地写出汉字"合"。

 任务分析

汉字效果如图 2-2-1 所示。

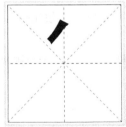

图 2-2-1　效果图

【设计思路】

（1）用"矩形"工具和"线条"工具绘制米字格。

（2）用"文本"工具输入文字"合"，并调整大小。

（3）分离文字。

（4）用"橡皮擦"工具按写字的逆向顺序擦出汉字的部分笔画，同时插入关键帧。

（5）翻转文本图层中的所有帧。

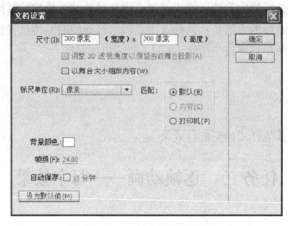

任务实施

1. 新建文档，制作"米字格"

① 新建一个空白文档，单击"属性"面板中的"编辑"按钮 🔧，设置舞台属性，其中，尺寸为 300 像素 × 300 像素，背景颜色为"#FFFFFF"，其余采用默认值，如图 2-2-2 所示。

图 2-2-2　文档属性设置

② 更改默认的"图层 1"为"米字格"，如图 2-2-3 所示。

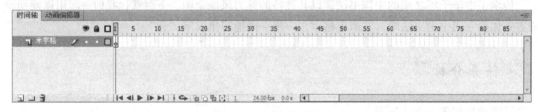

图 2-2-3　时间轴状态 1

③ 单击工具箱中的"矩形"按钮 🔲，设置笔触颜色为"#000000"，填充颜色为"无色"，如图 2-2-4 所示。

④ 单击"米字格"图层的第一帧，按住【Shift】键，在舞台中绘制一个与舞台大小相一致的正方形，如图 2-2-5 所示。

图 2-2-4　矩形属性设置

图 2-2-5　舞台效果

⑤ 单击工具箱中的"线条"工具 ，设置笔触颜色为"#000000"，"样式"为"虚线"，按住【Shift】键，在矩形中绘制两条对角线，如图 2-2-6 所示。

⑥ 按住【Shift】键，继续为矩形绘制两条中线，米字格绘制完成，如图 2-2-7 所示。

图 2-2-6　添加两条对角线

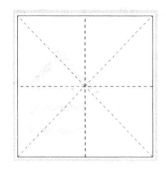

图 2-2-7　米子格

2．制作文本图层"合"

① 在"时间轴"面板中单击"米字格"图层中"锁定"按钮下的"圆点"按钮 ，"将米字格"图层锁定，如图 2-2-8 所示。

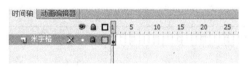

图 2-2-8　锁定图层"米字格"

② 单击"时间轴"面板左下方的"新建图层"按钮 ，在"米字格"图层的上方新建一个图层，并改名为"文字"，如图 2-2-9 所示。

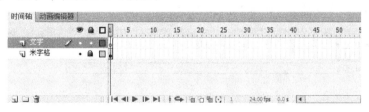

图 2-2-9　添加图层

③ 单击工具箱中的"文本"按钮 ，在右侧的"属性"面板中设置字符系列为"黑体"，"大小"为"96"，颜色为"#000000"，如图 2-2-10 所示。

图 2-2-10　文本属性

④ 单击"文字"图层的第一帧，在米字格中输入文字"合"，并利用"任意变形"工具⊞和"选择"工具▶，调整文字的大小和位置，如图 2-2-11 所示。

⑤ 选中文字"合"，选择菜单栏上的"修改"→"分离"命令，或者使用快捷键【Ctrl+B】，将文字分离，分离后的文字"合"不再是一个独立的文字，而是一个图形，如图 2-2-12 所示。

图 2-2-11　舞台效果　　　　　　　　　　　图 2-2-12　打散的文字

⑥ 在"米字格"图层的第 60 帧处右击，在弹出的快捷菜单中选择"插入帧"命令，或者按【F5】键，如图 2-2-13 所示。

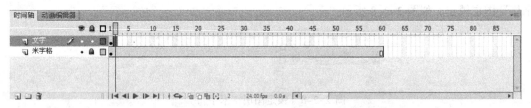

图 2-2-13　时间轴状态 2

⑦ 在"文字"图层的第 2 帧处右击，在弹出的快捷菜单中选择"插入关键帧"命令，或者按【F6】键，插入一个关键帧，如图 2-2-14 所示。

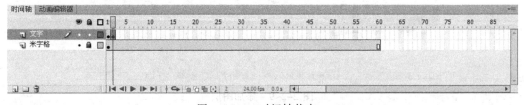

图 2-2-14　时间轴状态 3

⑧ 单击工具箱中的"橡皮擦"按钮⌗，将文字"合"的最后一笔擦除一些，如图 2-2-15 所示。

图 2-2-15　擦除部分文字

⑨ 在"文字"图层的第 3 帧处右击，在弹出的快捷菜单中选择"插入关键帧"命令，或者按【F6】键，插入一个关键帧，如图 2-2-16 所示。

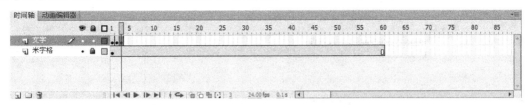

图 2-2-16 时间轴状态 4

⑩ 单击工具箱中的"橡皮擦"按钮 ，继续擦除一些笔画，如图 2-2-17 所示。

图 2-2-17 继续擦除文字

⑪ 继续重复以上步骤，直到整个文字被擦除干净为止，时间轴状态如图 2-2-18 所示。

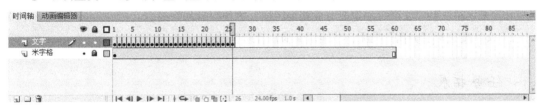

图 2-2-18 文字被擦除干净时的时间轴状态

⑫ 选择"文字"图层中的所有帧，如图 2-2-19 所示。

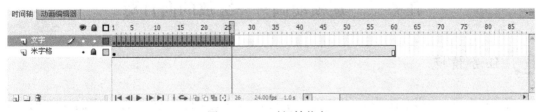

图 2-2-19 时间轴状态 5

⑬ 在被选中的时间帧上右击，在弹出的快捷菜单中选择"翻转帧"命令，将所有时间帧翻转过来，如图 2-2-20 所示。

图 2-2-20 翻转帧

⑭ 在 "文字" 图层的第 60 帧处右击，在弹出的快捷菜单中选择 "插入帧" 命令，或者按
【F5】键，使两个图层的时间长度保持一致，如图 2-2-21 所示。

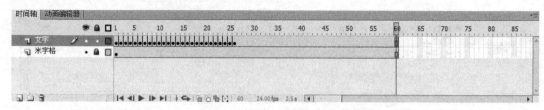

图 2-2-21　时间轴状态 6

3. 保存文件，测试动画

选择 "文件" → "保存" 命令，然后按【Ctrl+Enter】组合键测试动画。

 相关知识

要将文字中心与舞台中心重合，最方便的方法就是在选中文字以后，利用 "对齐" 面板进行
对齐操作；"橡皮擦" 工具可以擦除文字中多余的线条，但前提是，在擦除之前，必须将文字 "分
离"，也叫打散，否则无法对文字进行擦除；"翻转帧" 命令可以将选中的连续帧的顺序进行颠倒，
达到反序的效果。

【注意事项】

1. "米字格" 和 "文字" 一定要分成两个图层，方便以后的修改。
2. 文字要进行 "分离" 之后，才能用 "橡皮擦" 擦除。

 **任务拓展**

请尝试利用逐帧动画完成英文字母 "FLASH" 的写字效果。

任务三　逐帧动画——绽放的向日葵

 **任务情境**

经常在电视、电影中看到植物快速生长的画面，是不是觉得特别的神奇。下面就让我们一起
制作一个向日葵快速生长的动画吧。

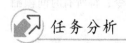 **任务分析**

动画效果如图 2-3-1 所示。

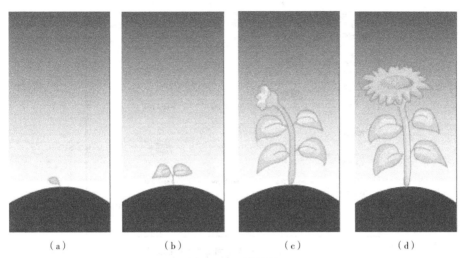

| （a） | （b） | （c） | （d） |

图 2-3-1　效果图

【设计思路】

（1）将事先准备好的素材图片导入库中。

（2）依次从库中将图片拖入舞台中，放置到合适的位置。

（3）制作逐帧动画。

任务实施

1. 新建文档，导入图片

① 运行 Flash CS6，新建一个空白文档，单击"属性"面板中的"编辑"按钮 ✎，设置舞台属性，其中，尺寸为 120 像素×260 像素，背景颜色为"#FFFFFF"，其余采用默认值，如图 2-3-2 所示。

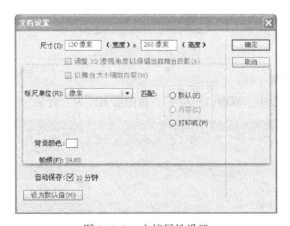

图 2-3-2　文档属性设置

② 选择菜单栏上的"文件"→"导入"→"导入到库"命令，在弹出的"导入到库"对话框中选择存放图片的文件夹，如图 2-3-3 所示。

③ 将文件夹下的所有图片全部选中，单击"打开"按钮，则所有图片全部导入库中。

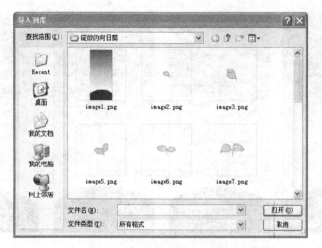

图 2-3-3 "导入到库"对话框

④ 选则菜单栏中的"窗口"→"库"命令，或者使用快捷键【Ctrl+L】，打开"库"面板，在"库"面板中显示所有被导入的图片，如图 2-3-4 所示。

图 2-3-4 "库"面板

2. 制作"背景"图层

① 在"时间轴"面板中，双击"图层 1"，将图层名改为"背景"，如图 2-3-5 所示。

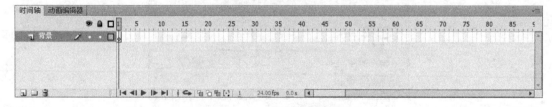

图 2-3-5 更改图层名称

② 用鼠标将"库"面板中的背景图片"image1"拖入舞台中，选中背景图片，在右侧的"属性"面板中修改图片的属性：图片的位置"X、Y"值均为"0.00"，图片的"宽、高"分别为"120.00、260.00"，如图 2-3-6 所示。

图 2-3-6　图片属性设置

③ 单击"背景"图层后的第二个圆点，锁定该图层，如图 2-3-7 所示。

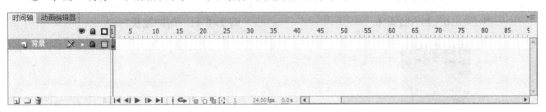

图 2-3-7　锁定图层

3. 制作"向日葵"图层

① 单击"时间轴"面板左下方的"新建图层"按钮 🔲，增加一个新的图层，双击"图层 2"，改名为"向日葵"，如图 2-3-8 所示。

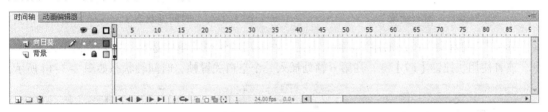

图 2-3-8　新建图层

② 在"背景"图层的第 100 帧处右击，在弹出的快捷菜单中选择"插入帧"命令，或者使用快捷键【F5】，在第 100 帧处插入一个普通帧，此时时间轴状态如图 2-3-9 所示。

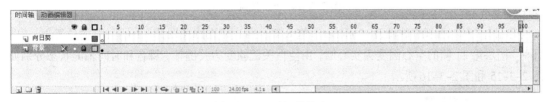

图 2-3-9　时间轴状态 1

③ 单击"向日葵"图层的第 1 帧，将"库"面板中的图片"image2"拖入舞台中，放在合适的位置上，如图 2-3-10 所示。

④ 在"向日葵"图层的第 6 帧处右击，在弹出的快捷菜单中选择"插入空白关键帧"命令，或者使用快捷键【F7】，在第 6 帧处插入一个空白关键帧，时间轴状态如图 2-3-11 所示。

⑤ 将"库"面板中的图片"image3"拖入舞台中，放在刚才图片"image2"的位置上，"向日葵"图层第 6 帧的空心圆变为实心圆，由空白关键帧变为关键帧，舞台效果和时间轴的状态分别如图 2-3-12 和图 2-3-13 所示。

图 2-3-10　舞台效果 1

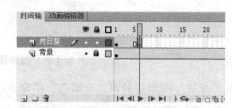

图 2-3-11　时间轴状态 2

图 2-3-12　舞台效果 2

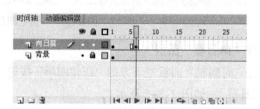

图 2-3-13　时间轴状态 3

⑥ 在 "向日葵" 图层的第 11 帧处右击，在弹出的快捷菜单中选择 "插入空白关键帧" 命令，或者使用快捷键【F7】键，在第 6 帧处插入一个空白关键帧，时间轴状态如图 2-3-14 所示。

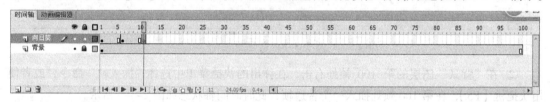

图 2-3-14　时间轴状态 4

⑦ 将 "库" 面板中的图片 "image4" 拖入舞台中，放在刚才图片 "image3" 的位置上，"向日葵" 图层第 11 帧的空心圆变为实心圆，由空白关键帧变为关键帧，舞台和时间轴的状态分别如图 2-3-15 和图 2-3-16 所示。

图 2-3-15　舞台效果 3

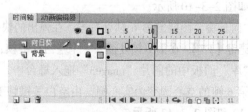

图 2-3-16　时间轴状态 5

⑧ 按照相同的方法，分别在"向日葵"图层的第 16、21、26、31、36、41、46、51、56、61、66、71、76 帧处插入空白关键帧，再依次拖入相应的图片"image5～image17"，此时的时间轴状态如图 2-3-17 所示。

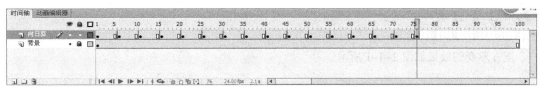

图 2-3-17　时间轴状态 6

⑨ 在"向日葵"图层的第 100 帧处右击，在弹出的快捷菜单中选择"插入帧"命令，或者使用快捷键【F5】，在第 100 帧处插入一个普通帧，时间轴状态如图 2-3-18 所示。

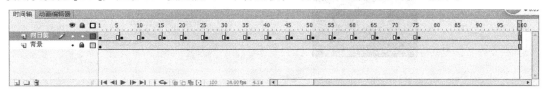

图 2-3-18　时间轴最终状态

4. 保存文件，测试动画

选择"文件"→"保存"命令，然后按【Ctrl+Enter】组合键测试动画。

 相关知识

在逐帧动画使用已有的图片是一种常见的现象，只要将文件夹中的图片导入 Flash 文件的"库"中即可，导入库中的图片是可以直接拖入舞台中使用的，具体方法是：选择菜单栏上的"文件"→"导入"→"导入到库"命令，在弹出的"导入到库"对话框中选择存放图片的文件夹，选中需要导入的图片，单击"打开"按钮，则可将图片导入库中。

【注意事项】

1. "背景"和"向日葵"一定要分成两个图层，方便以后的修改。
2. 尽量使用快捷键，减轻工作量。

 任务拓展

试一试，使用逐帧动画原理制作倒计时效果。

任务四　形状补间动画——自由变幻

 任务情境

我们平时观看的动漫里有许多不断变化的物体，这些变化有些是可以用 Flash CS6 中的形状

补间动画来实现的，下面我们就来制作一个基本的形状补间动画吧。一个红色的正方形，变幻成不同的颜色和形状，最后又变回开始的状态。

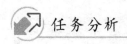 任务分析

正方形变幻效果如图 2-4-1 所示。

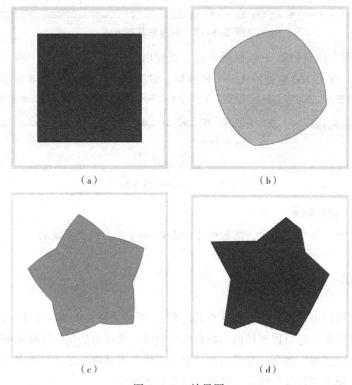

（a）　　　　　　　　　　（b）

（c）　　　　　　　　　　（d）

图 2-4-1　效果图

【设计思路】

（1）在开始关键帧处绘制一个红色的正方形。

（2）在不同的关键帧处绘制不同的对象。

（3）创建补间形状。

 任务实施

1．新建文档，制作开始关键帧

① 新建一个空白文档，单击"属性"面板中的"编辑"按钮 🔧，设置舞台属性，其中，尺寸为 300 像素 × 300 像素，背景颜色为"#FFFFFF"，其余采用默认值，如图 2-4-2 所示。

② 单击工具栏中的"矩形工具"按钮，在右侧的"属性"面板中设置"笔触颜色"为"#000000"，"填充颜色"为"#FF0000"，具体设置如图 2-4-3 所示。

③ 按住【Shift】键，在舞台中绘制一个正方形。

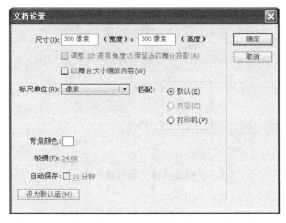

图 2-4-2 文档属性设置

图 2-4-3 矩形属性设置

④ 单击工具箱中的"选择"按钮,双击选中绘制的正方形,使用快捷键【Ctrl+K】,打开"对齐"面板,选中"与舞台对齐"复选框,再单击"水平中齐"按钮 ♣ 和"垂直中齐"按钮 ♣ ,如图 2-4-4 所示,将正方形放置在舞台正中央,如图 2-4-5 所示。

图 2-4-4 "对齐"面板

图 2-4-5 舞台效果 1

2. 制作第二个关键帧

① 右击"时间轴"面板中"图层 1"的第 20 帧,在弹出的快捷菜单中选择"插入空白关键帧"命令,或者使用快捷键【F7】,插入一个空白关键帧,如图 2-4-6 所示。

图 2-4-6 时间轴状态 1

② 单击工具栏中的"椭圆工具"按钮,在右侧的"属性"面板中设置"笔触颜色"为"#FF6600","填充颜色"为"#FFFF00",如图 2-4-7 所示。

③ 单击图层 1 的第 20 帧,按住【Shift】键,在舞台中绘制一个正圆。

④ 单击工具箱中的"选择"按钮,双击选中绘制的正圆,使用快捷键【Ctrl+K】,打开"对齐"面板,选中"与舞台对齐"复选框,再单击"水平中齐"按钮 ♣ 和"垂直中齐"按钮 ♣ ,将正圆放置在舞台正中央,如图 2-4-8 所示。

图 2-4-7　椭圆属性设置　　　　　　　　　图 2-4-8　舞台效果 2

3. 制作另外两个关键帧

① 右击"时间轴"面板中"图层 1"的第 40 帧，在弹出的快捷菜单中选择"插入空白关键帧"命令，或者使用快捷键【F7】，插入一个空白关键帧，如图 2-4-9 所示。

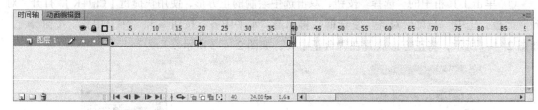

图 2-4-9　时间轴状态 2

② 单击工具栏中的"多角星形工具"按钮，在右侧的"属性"面板中设置"笔触颜色"为"#0000FF"，"填充颜色"为"#006600"，如图 2-4-10 所示。

③ 单击多角星形"属性"面板中"工具设置"下的"选项"按钮 ▭选项... ▭，在弹出的"工具设置"对话框中，设置"样式"为"星形"，"边数"为"5"，"星形顶点大小"为"0.50"，如图 2-4-11 所示。

图 2-4-10　多角星形属性设置　　　　　图 2-4-11　"工具设置"对话框

④ 单击图层 1 的第 40 帧，按住【Shift】键，在舞台中绘制一个五角星。

⑤ 单击工具箱中的"选择"工具，双击选中绘制的五角星，使用快捷键【Ctrl+K】，打开"对齐"面板，选中"与舞台对齐"复选框，再单击"水平中齐"按钮 ▤ 和"垂直中齐"按钮 ▥，将五角星放置在舞台正中央，如图 2-4-12 所示。

图 2-4-12　舞台效果 3

⑥ 右击"时间轴"面板中"图层 1"的第 1 帧，在弹出的快捷菜单中选择"复制帧"命令，然后右击"图层 1"的第 60 帧，在弹出的快捷菜单中选择"粘贴帧"命令，将第 1 帧上的正方形粘贴在第 60 帧上，时间轴状态和第 60 帧的舞台效果如图 2-4-13 和图 2-4-14 所示。

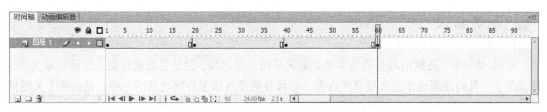

图 2-4-13　时间轴状态 3

图 2-4-14　舞台效果 4

4．制作形状补间

① 右击"时间轴"面板"图层 1"中的第 1 帧，在弹出的快捷菜单中选择"创建补间形状"命令，这时，两个关键帧之间出现了一个向右的箭头，背景色变为绿色，时间轴状态如图 2-4-15 所示。

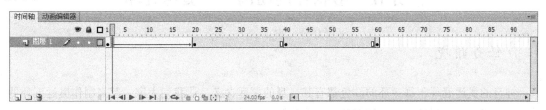

图 2-4-15　时间轴状态 4

② 同样方法，右击"时间轴"面板"图层 1"中的第 20 帧，在弹出的快捷菜单中选择"创建补间形状"命令，创建一个形状补间，再右击"时间轴"面板"图层 1"中的第 40 帧，在弹出的快捷菜单中选择"创建补间形状"命令，再创建一个形状补间，时间轴状态如图 2-4-16 所示。

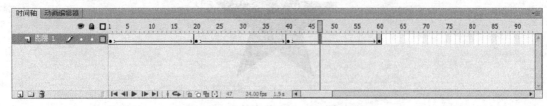

图 2-4-16　时间轴最终状态

5. 保存文件，测试动画

选择"文件"→"保存"命令，然后按【Ctrl+Enter】组合键测试动画。

 相关知识

Flash 动画中，逐帧动画是最基本也是最简单的一种动画，但是它的缺点是工作量非常大，这种情况下，补间动画制作起来就简便许多。形状补间动画属于补间动画的一种，是在两个关键帧之间，通过计算机自动产生过渡动画，这种过渡主要表现在动画对象的大小、颜色、位置的变化。

通常情况下，一个完整的形状补间动画是由一个起始关键帧、一个形状补间和一个结束关键帧组成，在时间轴上的状态如图 2-4-17 所示。

起始关键帧　　　　　形状补间　　　　　结束关键帧

图 2-4-17　形状补间动画

 任务拓展

尝试做一做其他图形和颜色的变幻。

任务五　形状补间动画——奥运五环

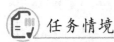 **任务情境**

神奇的奥运五环，每一环的颜色都有其自身的深远含义，让我们大家一起来制作奥运五环的动画效果吧。一个圆环变换 5 种颜色，最终分散成奥运五环的形状。

任务分析

奥运五环效果如图 2-5-1 所示。

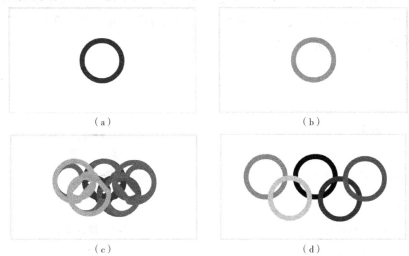

（a）   （b）

（c）   （d）

图 2-5-1 效果图

【设计思路】

（1）绘制圆环。

（2）制作 5 种颜色变换的形状补间动画。

（3）制作分散的五环动画。

任务实施

1．新建文档，制作圆环。

① 运行 Flash CS6，新建一个空白文档，单击"属性"面板中的"编辑"按钮 ，设置舞台属性，其中，尺寸为 500 像素×300 像素，背景颜色为"#FFFFFF"，其余采用默认值，如图 2-5-2 所示。

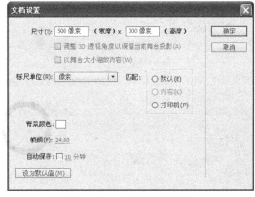

图 2-5-2 文档属性设置

② 单击工具栏上的"椭圆工具"按钮，在右侧的"属性"面板中设置"笔触颜色"为"003399"，"填充颜色"为"☑"，"笔触"值为"15.00"，具体参数设置如图 2-5-3 所示。

③ 按住【Shift】键，在舞台中绘制一个圆环。

④ 单击工具箱中的"选择"按钮，双击选中绘制的圆环，使用快捷键【Ctrl+K】，打开"对齐"面板，选中"与舞台对齐"复选框，再单击"水平中齐"按钮 和"垂直中齐"按钮 ，将圆环放置在舞台正中央，如图 2-5-4 所示。

图 2-5-3　椭圆工具属性设置

图 2-5-4　舞台效果 1

2. 制作圆环变色动画

① 右击"时间轴"面板中"图层 1"的第 20 帧，在弹出的快捷菜单中选择"插入关键帧"命令，或者使用快捷键【F6】，插入一个关键帧，如图 2-5-5 所示。

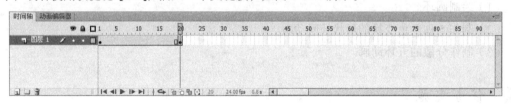

图 2-5-5　时间轴状态 1

② 单击舞台中的圆环，选中圆环，在右侧的"属性"面板中设置"笔触颜色"为"#000000"，第 20 帧处的圆环颜色发生改变，"属性"面板和舞台效果如图 2-5-6 和图 2-5-7 所示。

图 2-5-6　属性设置

图 2-5-7　舞台效果 2

③ 右击"时间轴"面板中"图层 1"的第 40 帧，在弹出的快捷菜单中选择"插入关键帧"命令，或者使用快捷键【F6】，插入一个关键帧，如图 2-5-8 所示。

④ 单击舞台中的圆环，选中圆环，在右侧的"属性"面板中设置"笔触颜色"为"#FF0000"，第 40 帧处的圆环颜色发生改变，"属性"面板和舞台效果如图 2-5-9 和图 2-5-10 所示。

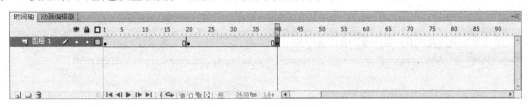

图 2-5-8 时间轴状态 2

图 2-5-9 属性设置

图 2-5-10 舞台效果 3

⑤ 依次在"图层 1"的第 60 帧、80 帧处插入关键帧，将第 60 帧处的圆环的"笔触颜色"改为"#FF9966"，将第 80 帧处的圆环的"笔触颜色"改为"#669966"此时时间轴的状态如图 2-5-11 所示。

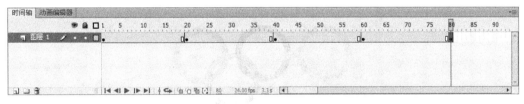

图 2-5-11 时间轴状态 3

⑥ 右击"时间轴"面板"图层 1"中的第 1 帧，在弹出的快捷菜单中选择"创建补间形状"命令，这时，两个关键帧之间出现了一个向右的箭头，背景色变为绿色，形状补间动画创建成功，时间轴状态如图 2-5-12 所示。

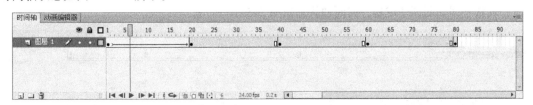

图 2-5-12 创建补间动画

⑦ 同样方法，右击"时间轴"面板"图层 1"中的第 20 帧，在弹出的快捷菜单中选择"创建补间形状"命令，创建一个形状补间，然后右击"时间轴"面板"图层 1"中的第 40 帧，在弹出的快捷菜单中选择"创建补间形状"命令，再创建一个形状补间，再右击"时间轴"面板"图层 1"中的第 60 帧，在弹出的快捷菜单中选择"创建补间形状"命令，再创建一个形状补间，时间轴状态如图 2-5-13 所示。

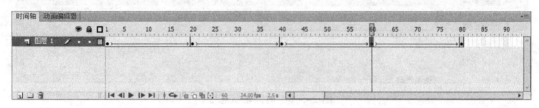

图 2-5-13　时间轴状态 4

⑧ 此时，圆环的颜色变换动画制作完毕。

3. 制作单个圆环变换到奥运五环的动画

① 右击"时间轴"面板中"图层 1"的第 100 帧，在弹出的快捷菜单中选择"插入空白关键帧"命令，或者使用快捷键【F7】，插入一个空白关键帧，如图 2-5-14 所示。

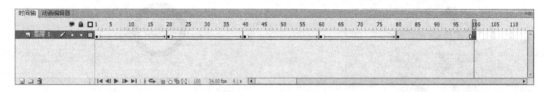

图 2-5-14　时间轴状态 5

② 单击工具栏中的"椭圆工具"按钮，在"图层 1"的第 100 帧处绘制一个奥运五环，效果如图 2-5-15 所示。

图 2-5-15　舞台效果 4

③ 右击"时间轴"面板"图层 1"中的第 80 帧，在弹出的快捷菜单中选择"创建补间形状"命令，形状补间动画创建成功，时间轴状态如图 2-5-16 所示。

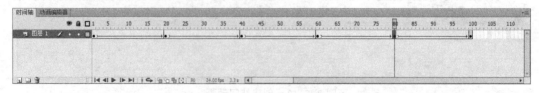

图 2-5-16　时间轴最终状态

4．保存文件，测试动画

选择"文件"→"保存"命令，然后按【Ctrl+Enter】组合键测试动画。

 相关知识

形状补间动画的对象只能是打散的图形，在选中时呈点状，不能是整体对象或实例，本例中的圆环在绘制时只要使用"椭圆"工具，将填充色设为"无色"即可，不必做过多处理。

 任务拓展

思考如何让圆环的颜色变换同时，再进行大小的变化。

任务六　形状补间动画——流星

 任务情境

说到"许愿"，大家一定能够想到"流星"吧，灿烂多彩的星空中，划过一颗流星，大家赶紧许愿，但愿心想事成。

 任务分析

流星效果如图 2-6-1 所示。

（a）　　　　　　　　　　　　　　（b）

图 2-6-1　效果图

【设计思路】

（1）导入图片素材。

（2）绘制流星。

（3）制作流星划过星空的动画。

⚙ 任务实施

1. 新建文档，导入素材

① 运行 Flash CS6，新建一个空白文档，单击"属性"面板中的"编辑"按钮 ⚒，设置舞台属性，其中，尺寸为 550 像素 × 400 像素，背景颜色为"#000000"，其余采用默认值，如图 2-6-2所示。

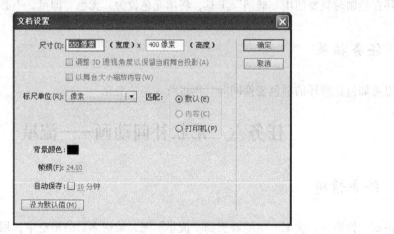

图 2-6-2　文档属性设置

② 选择菜单栏上的"文件"→"导入"→"导入到库"命令，在弹出的"导入到库"对话框中选择存放图片的文件夹，如图 2-6-3 所示。

图 2-6-3　"导入到库"对话框

③ 选择文件夹下的"星空.png"图片，单击"打开"按钮，则所选图片导入库中。

④ 选择菜单栏中的"窗口"→"库"命令，或者使用快捷键【Ctrl+L】，打开"库"面板，在"库"面板中显示所有被导入的图片，将"星空.png"拖入舞台中。

⑤ 选中舞台中的星空图片，在右侧"属性"面板中的"位置和大小"设置："X"值为"0.00""Y"值为"0.00"，"宽"为"550.00"，"高"为"400.00"，如图 2-6-4 所示。

2．绘制流星

① 单击"时间轴"面板左下角的"新建图层"按钮 🖵，新建一个图层，改名为"流星"。

② 在舞台中绘制"流星"，如图 2-6-5 所示。

图 2-6-4　图片属性设置　　　　　　图 2-6-5　舞台效果

③ 使用工具栏中的"任意变形"工具将"流星"等比例缩小一些，放置在舞台外的右上角，如图 2-6-6 所示。

图 2-6-6　流星的舞台位置

④ 在"图层 1"的第 30 帧处右击，在弹出的快捷菜单中选择"插入帧"命令，或者使用快捷键【F5】，插入一个普通帧，在"流星"的第 30 帧处右击，在弹出的快捷菜单中选择"插入关键帧"命令，或者使用快捷键【F6】，插入一个关键帧，时间轴状态如图 2-6-7 所示。

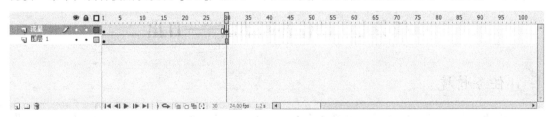

图 2-6-7　时间轴状态

⑤ 单击图层"流星"的第 30 帧，将舞台上的"流星"移动到舞台外的左下角位置，如图 2-6-8 所示。

⑥ 右击图层"流星"的第 1 帧，在弹出的快捷菜单中选择"创建补间形状"命令，创建一个补间形状动画，时间轴状态如图 2-6-9 所示。

图 2-6-8　流星在第 30 帧处的舞台位置

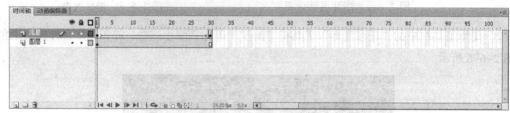

图 2-6-9　时间轴最终状态

3．保存文件，测试动画

① 选择菜单栏上的"文件"→"保存"命令，选择保存位置，将做好的动画文件存盘。

② 按【Ctrl+Enter】组合键测试动画。

相关知识

Flash CS6 中的形状补间动画不仅可以制作形状变化动画，还可以制作位置变化动画，这一点和下一任务——动作补间动画有相似之处，在制作下一任务时，多留心观察。

任务拓展

尝试一下，星空有多颗流星划过，该怎么制作。

任务七　动作补间动画——日出

任务情境

泰山的日出闻名遐迩，我们或在视频中看过，或身临其境地感受过，现在让我们一起来制作一个日出的动画吧。天渐渐亮起，云彩飘过，山峰后的太阳缓缓升起，照亮大地。

任务分析

日出效果如图 2-7-1 所示。

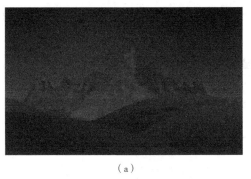

（a）

（b）

（c）

图 2-7-1　效果图

【设计思路】

（1）将所需素材导入库中。

（2）按照前后顺序放置不同的素材。

（3）制作太阳升起的传统补间动画。

任务实施

1. 新建文档，导入素材

① 运行 Flash CS6，新建一个空白文档，单击"属性"面板中的"编辑"按钮 ✎，设置舞台属性，其中，尺寸为 550 像素 × 300 像素，其余采用默认值，如图 2-7-2 所示。

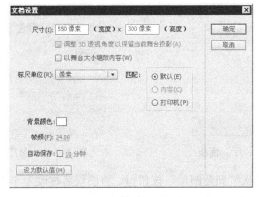

图 2-7-2　文档属性设置

② 选择菜单栏上的"文件"→"导入"→"导入到库"命令，在弹出的"导入到库"对话框中选择存放图片的文件夹，如图 2-7-3 所示。

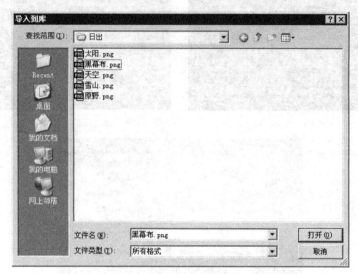

图 2-7-3 "导入到库"对话框

③ 将文件夹下的所有图片全部选中，单击"打开"按钮，则所有图片全部导入库中。

④ 选择菜单栏中的"窗口"→"库"命令，或者使用快捷键【Ctrl+L】，打开"库"面板，在"库"面板中显示所有被导入的图片，如图 2-7-4 所示。

2. 新建图层，放置图片

① 双击"图层 1"，将"图层 1"改名为"天空"，将"库"面板中的"天空.png"拖入舞台，在右侧的"属性"面板中设置"X"值为"0.00"，"Y"值为"0.00"，使图片与舞台重合，"属性"面板设置如图 2-7-5 所示。

图 2-7-4 "库"面板

图 2-7-5 图片属性设置

② 同样方法，单击两次"新建图层"按钮 ，将图层名称改为"雪山"和"原野"，将对应的图片分别放到相应的图层中，此时，时间轴和舞台的状态如图 2-7-6 和图 2-7-7 所示。

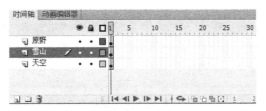

图 2-7-6 时间轴状态 1

图 2-7-7 舞台效果 1

3．制作太阳升起的动画

① 单击"时间轴"面板中的"插入图层"按钮 ，图层名称改为"太阳"，将"库"面板中的图片"太阳"拖入舞台中，放置在合适的位置，具体效果如图 2-7-8 所示。

图 2-7-8 舞台效果 2

② 选中舞台中的"太阳"并右击，在弹出的快捷菜单中选择"转换为元件"命令，弹出"转换为元件"对话框，设置"名称"为"太阳"，"类型"为"图形"，如图 2-7-9 所示。

图 2-7-9 "转换为元件"对话框

③ 从图 2-7-8 中可以看到，图中太阳的位置有误，应当放置在雪山之后，具体操作方法是：左键按住图层"太阳"，将其拖到"雪山"图层的下方，时间轴状态如图 2-7-10 所示。

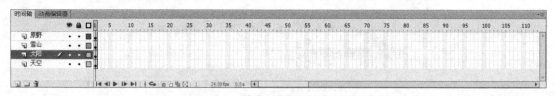

图 2-7-10　时间轴状态 2

④ 分别选中图层"天空""雪山""原野"的第 100 帧并右击，在弹出的快捷菜单中选择"插入帧"命令，或者使用快捷键【F5】，各插入一个普通帧；选中图层"太阳"的第 60 帧并右击，在弹出的快捷菜单中选择"插入关键帧"命令，或者使用快捷键【F6】，插入一个关键帧，时间轴状态如图 2-7-11 所示。

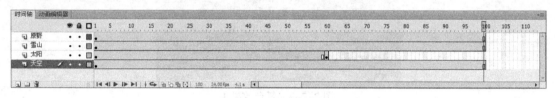

图 2-7-11　时间轴状态 3

⑤ 单击图层"太阳"的第 60 帧，选中舞台中的"太阳"，将"太阳"向上移动，效果如图 2-7-12 所示。

图 2-7-12　舞台效果 3

⑥ 右击图层"太阳"的第 1 帧，在弹出的快捷菜单中选择"创建传统补间"命令，此时，时间轴上出现一个带浅紫色背景色的黑色箭头，说明动画创建成功，时间轴状态如图 2-7-13 所示。

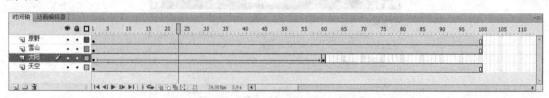

图 2-7-13　时间轴状态 4

⑦ 右击图层"太阳"的第 100 帧，在弹出的快捷菜单中选择"插入帧"命令，或者使用快捷键【F5】，插入一个普通帧，使太阳在动画中停留一会，时间轴状态如图 2-7-14 所示。

图 2-7-14　时间轴状态 5

4. 制作"天亮"的动画效果

① 单击"插入图层"按钮 🔲，图层名称改为"幕布"，单击第 1 帧，将"库"面板中的图片"黑幕布"拖入舞台中，在右侧的"属性"面板中设置"X"值为"0.00"，"Y"值为"0.00"，覆盖整个舞台，舞台效果如图 2-7-15 所示。

图 2-7-15　"幕布"舞台效果

② 选中舞台中的"黑幕布"并右击，在弹出的快捷菜单中选择"转换为元件"命令，弹出"转换为元件"对话框，设置"名称"为"幕布"，"类型"为"图形"，如图 2-7-16 所示。

图 2-7-16　"转换为元件"对话框

③ 选中图层"幕布"的第 60 帧并右击，在弹出的快捷菜单中选择"插入关键帧"命令，或者使用快捷键【F6】，插入一个关键帧，时间轴状态如图 2-7-17 所示。

图 2-7-17　时间轴状态 6

④ 选中图层"幕布"的第 60 帧，单击舞台中的黑幕布，在右侧的"属性"面板中单击 ▷ 色彩效果 ，展开"色彩效果"选项，设置"样式"为"Alpha"，"Alpha"值为"0"，如图 2-7-18 所示。

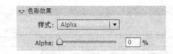

图 2-7-18　黑幕布的色彩效果设置

⑤ 右击图层"幕布"的第 1 帧，在弹出的快捷菜单中选择"创建传统补间"命令，创建一个补间动画，时间轴状态如图 2-7-19 所示。

图 2-7-19　时间轴最终状态

5. 保存文件，测试动画

① 选择菜单栏上的"文件"→"保存"命令，选择保存位置，将做好的动画文件存盘。

② 按【Ctrl+Enter】组合键测试动画。

 相关知识

Flash 动画中，逐帧动画和形状补间动画都是相对简单的，一旦遇到复杂一些的动画，关键帧较多，修改起来比较麻烦，还容易出错，这就需要使用动作补间动画来制作。Flash CS6 中的动作补间动画有包含两种方式，分别是传统补间动画和动作补间动画。

动作补间动画和形状补间动画是 Flash CS6 补间动画的组成部分，也是基本的动画实现方式，而动作补间动画又由传统补间动画和动作补间动画两种方式组成，这里，我们首先介绍的是传统补间动画，也就是在 Flash 8.0 版本下创建的动作补间动画。

传统补间动画的基本单位是对象，不同的对象在动作补间时要放在不同的图层中，不能直接进行动作补间制作，它是同一个对象在不同时间点上的动画变换。因此，传统补间动画的对象必须是一个整体的对象或元件，而不能是矢量图形或是分离后的图片、文字。

 任务拓展

试一试，制作一个"日落"的动画效果。

任务八　动作补间动画——3D 旋转

 任务情境

经常在新闻联播中看到开头动画中的文字旋转特效，是不是觉得效果很绚丽。这种 3D 旋转的动画特效在 Flash CS6 里是完全能够实现的，下面让我们一起来制作一个文本的 3D 旋转动画。文本"FLASH"在舞台中先水平 3D 旋转一圈，再进行缩小和放大。

 任务分析

动画效果如图 2-8-1 所示。

（a）　　　　　　　　　　　　　（b）

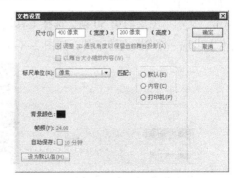

（c）

图 2-8-1　效果图

【设计思路】

（1）输入文本，转换为元件。

（2）制作动作补间动画。

（3）使用 3D 旋转和 3D 平移工具进行 3D 设置。

任务实施

1．新建文档

① 运行 Flash CS6，新建一个空白文档，在开始的新建选项中选择 ActionScript 3.0，新建一个 ActionScript 3.0 的文档，如图 2-8-2 所示。

② 单击"属性"面板中的"编辑"按钮 ，设置舞台属性，其中，尺寸为 400 像素×200 像素，"背景颜色"为"#000000"，其余采用默认值，如图 2-8-3 所示。

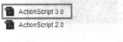

图 2-8-2　选择 ActionScript 3.0 的文档　　　　　图 2-8-3　文档属性设置

2. 创建文字的 3D 旋转动画

① 单击工具栏中的"文本工具"按钮，在右侧的"属性"面板的"字符"选项中设置："系列"为"Arial"，"大小"为"96.0"，"颜色"为"#FF6600"其余采用默认值，如图 2-8-4 所示。

② 在舞台上输入文本：FLASH，并利用"对齐"面板设置"水平居中"和"垂直居中"，舞台效果如图 2-8-5 所示。

图 2-8-4　文本的字符属性设置　　　　　　　图 2-8-5　舞台效果

③ 双击时间轴上的"图层 1"，改名为"文本"。

④ 选中舞台上的文本"FLASH"并右击，在弹出的快捷菜单中选择"转换为元件"命令，或者使用快捷键【F8】，在弹出的"转换为元件"对话框中设置："名称"为"文本"，"类型"为"影片剪辑"，单击"确定"按钮，将文本转换为元件，如图 2-8-6 所示。

图 2-8-6　"转换为元件"对话框

⑤ 右击"文本"图层的第 20 帧，在弹出的快捷菜单中选择"插入关键帧"命令，或者使用快捷键【F6】，插入一个关键帧。

⑥ 右击"文本"图层的第 20 帧，在弹出的快捷菜单中选择"创建补间动画"命令，如图 2-8-7 所示。

⑦ 右击"文本"图层的第 50 帧，在弹出的快捷菜单中选择"插入帧"命令，或者使用快捷键【F5】，插入一个普通帧。

⑧ 单击"文本"图层的第 50 帧，选择工具栏中的"3D 旋转"工具，单击舞台中的文本，这时，文本上出现一个 3D 旋转工具，如图 2-8-8 所示。

图 2-8-7　创建补间动画　　　　　图 2-8-8　3D 旋转工具

⑨ 将鼠标放在 3D 旋转工具的外边框上，按住左键不放，将文字水平旋转 360°，此时，"文本"图层的第 50 帧处自动出现一个黑色菱形图标，如图 2-8-9 所示。

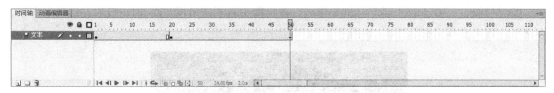

图 2-8-9　时间轴状态 1

⑩ 右击"文本"图层的第 60 帧，在弹出的快捷菜单中选择"插入关键帧"→"全部"命令，插入一个关键帧，如图 2-8-10 所示。

图 2-8-10　插入关键帧

⑪ 右击"文本"图层的第 75 帧，在弹出的快捷菜单中选择"插入帧"命令，或者使用快捷键【F5】，插入一个普通帧。

⑫ 选择工具栏中的"3D 平移"工具 ，单击舞台中的文本，这时，文本上出现一个 3D 平移工具，如图 2-8-11 所示。

图 2-8-11　3D 平移工具

⑬ 鼠标放在 3D 平移工具坐标的原点处，鼠标箭头右下角出现"Z"时，按住左键向上拖动，在 Z 轴上缩小文本，如图 2-8-12 所示。

图 2-8-12　在 Z 轴上缩小文本

⑭ 右击"文本"图层的第 90 帧，在弹出的快捷菜单中选择"插入帧"命令，或者使用快捷键【F5】，插入一个普通帧。

⑮ 鼠标放在 3D 平移工具坐标的原点处，鼠标箭头右下角出现"Z"时，按住左键向下拖动，在 Z 轴上放大文本，如图 2-8-13 所示。

图 2-8-13　在 Z 轴上放大文本

⑯ 右击"文本"图层的第 100 帧，在弹出的快捷菜单中选择"插入关键帧"→"全部"命令，插入一个关键帧，此时的时间轴状态如图 2-8-14 所示。

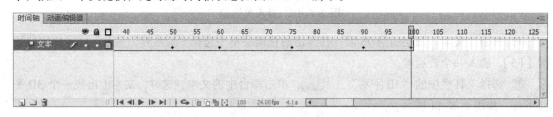

图 2-8-14　时间轴状态 2

3．保存文件，测试动画

① 选择菜单栏上的"文件"→"保存"命令，选择保存位置，将做好的动画文件存盘。

② 按【Ctrl+Enter】组合键测试动画。

 相关知识

动作补间动画的对象必须是元件，因此，在制作动作补间动画之前，必须将对象转换为元件。

动作补间动画的制作步骤：

① 将制作好的元件放置在舞台中。

② 在动画开始的时间帧处右击鼠标，在弹出的快捷菜单中选择"创建补间动画"命令。

③ 在需要变化的时间帧处插入普通帧，改变该帧处对象的形状、大小、颜色等，此时，该时间帧上出现一个黑色的菱形，开始关键帧和该时间帧之间的背景颜色变为浅蓝色。

【注意事项】

本例中使用了 3D 旋转工具和 3D 平移工具，Flash 动画中的 3D 效果只能在 ActionScript 3.0 中实现，因此，在创建新文档时，应在开始界面中选择"新建"→"ActionScript 3.0"选项，而且元件的类型必须是"影片剪辑"，否则无法实现 3D 特效。

任务拓展

试一试，制作文字"3D 旋转"的 3D 动画效果。

任务九　动作补间动画——水上跳跃

任务情境

小时候，我们经常在小河边，捡起一块扁平的石子，侧着腰，扔出石子，看着它在水面不断地跳跃着划过，大家开心地笑成一团。现在，让我们用 Flash CS6 来制作一个水上跳跃的动画特效。青山绿水中，一个小球在水面上不断地跳跃，直至跳出舞台。

任务分析

动画效果如图 2-9-1 所示。

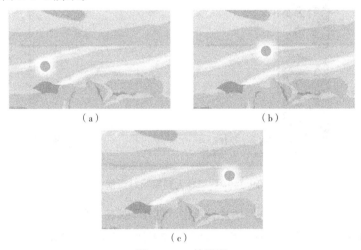

（a）　　　　　　　　　　（b）

（c）

图 2-9-1　效果图

【设计思路】
（1）新建文档，导入素材。
（2）绘制小球，添加滤镜。
（3）制作小球跳跃的动画。

任务实施

1. 新建文档，导入素材

① 运行 Flash CS6，新建一个空白文档，单击"属性"面板中的"编辑"按钮 🔧，设置舞台属性，其中，尺寸为 550 像素 × 300 像素，其余采用默认值，如图 2-9-2 所示。

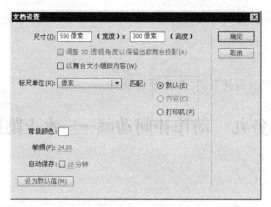

图 2-9-2　文档属性设置

②　选择菜单栏上的"文件"→"导入"→"导入到库"命令，在弹出的"导入到库"对话框中选择存放图片的文件夹，如图 2-9-3 所示。

图 2-9-3　"导入到库"对话框

③　选择文件夹下的"背景.png"图片，单击"打开"按钮，则所选图片导入库中。

④　选择菜单栏中的"窗口"→"库"命令，或者使用快捷键【Ctrl+L】，打开"库"面板，在"库"面板中显示被导入的图片。

⑤　双击"图层 1"，将"图层 1"改名为"背景"，将"库"面板中的"背景.png"图片拖入舞台，在右侧的"属性"面板中设置"X"值为"0.00"，"Y"值为"0.00"，使图片与舞台重合。

⑥　右击"背景"图层的第 80 帧，在弹出的快捷菜单中选择"插入帧"命令，或者使用快捷键【F5】，插入一个普通帧，时间轴状态如图 2-9-4 所示。

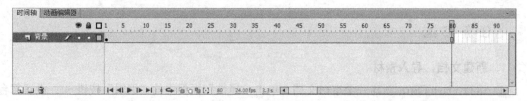

图 2-9-4　时间轴状态 1

2. 绘制小球，添加滤镜特效

① 单击"时间轴"面板中的"新建图层"按钮 🎴，图层名称改为"小球"，时间轴效果如图 2-9-5 所示。

图 2-9-5 新建图层

② 单击工具栏中的"椭圆"工具 🔘，在右侧的"属性"面板中设置："笔触颜色"为"⬜"，"填充颜色"为"#FF9933"，其余采用默认值，具体设置如图 2-9-6 所示。

图 2-9-6 椭圆工具设置

③ 选择"小球"图层的第 1 帧，按住【Shift】键不松，在舞台上拖动鼠标左键，绘制一个大小合适的正圆，如图 2-9-7 所示。

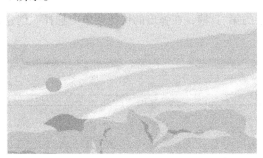

图 2-9-7 舞台效果 1

④ 右击舞台中的正圆，在弹出的快捷菜单中选择"转换为元件"，或使用快捷键【F8】，在弹出的"转换为元件"对话框中设置："名称"为"小球"，"类型"为"影片剪辑"，如图 2-9-8 所示。

图 2-9-8 "转换为元件"对话框

⑤ 旋转舞台中的正圆，在右侧的"属性"面板中展开"滤镜"选项，单击左下角的"添加滤镜"按钮 🎴，在弹出的快捷菜单中选择"发光"命令，如图 2-9-9 所示。

⑥ 在"发光"的"属性"框中设置:"模糊 X"值为"50","模糊 Y"值为"50","强度"为"300","颜色"为"#FFFFFF",其余采用默认值,具体参数设置如图 2-9-10 所示。

图 2-9-9　快捷菜单　　　　　　　　　　图 2-9-10　滤镜属性

3. 制作小球在水面的跳跃动画

① 将小球拖到舞台之外的左上角,使小球在动画开始的时候不在舞台之中,如图 2-9-11 所示。

图 2-9-11　小球在舞台的位置

② 右击"小球"图层的第 1 帧,在弹出的快捷菜单中选择"创建补间动画"选项,时间轴状态如图 2-9-12 所示。

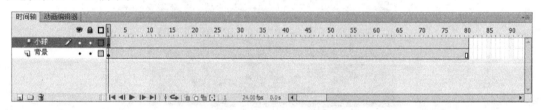

图 2-9-12　时间轴状态 2

③ 单击"小球"图层的第 15 帧,将小球拖到舞台水面的左侧,如图 2-9-13 所示。

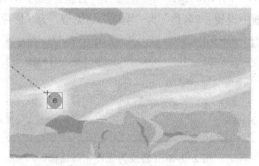

图 2-9-13　舞台效果 2

④ 单击"小球"图层的第 30 帧,将小球向右上方移动,如图 2-9-14 所示。

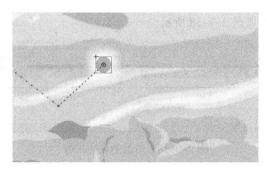

图 2-9-14 小球的移动位置 1

⑤ 单击"小球"图层的第 45 帧，将小球向右下方移动，如图 2-9-15 所示。

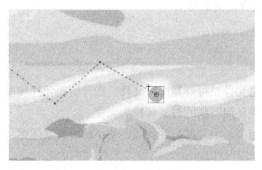

图 2-9-15 小球的移动位置 2

⑥ 单击"小球"图层的第 60 帧，将小球向右上方移动，如图 2-9-16 所示。

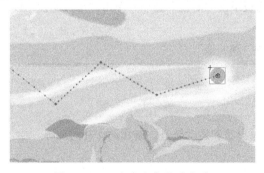

图 2-9-16 向右上方移动小球

⑦ 单击"小球"图层的第 75 帧，将小球向右下方移动，移出舞台，如图 2-9-17 所示。

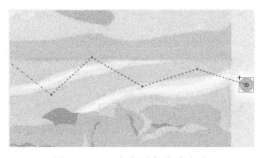

图 2-9-17 向右下方移动小球

⑧ 此时的时间轴状态如图 2-9-18 所示。

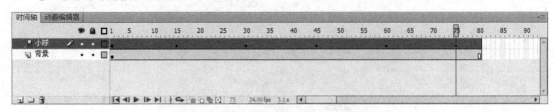

图 2-9-18　时间轴最终状态

4．保存文件，测试动画

① 选择菜单栏上的"文件"→"保存"命令，选择保存位置，将做好的动画文件存盘。

② 按【Ctrl+Enter】组合键测试动画。

 相关知识

补间动画的对象只能是元件，可以是图形元件、影片剪辑元件和按钮元件。因此，在创建补间动画之前，必须将要创建补间动画的对象转换为元件。

本节任务中的小球添加了一个"滤镜"特效，使小球具有立体感，在 Flash CS6 中添加"滤镜"的方法是：

① Flash CS6 中，只有影片剪辑元件和文字才能添加"滤镜"特效，在添加"滤镜"之前，将所要添加"滤镜"的对象转换为影片剪辑元件。

② 在右侧"属性"面板下的"滤镜"选项中单击"添加滤镜"按钮 ，在弹出的快捷菜单中选择"滤镜"命令。

③ 设置具体的"属性"和"值"。

 任务拓展

试着改变小球的颜色、形状和运动轨迹，制作动作补间动画。

项 目 三

元件与库的使用

【项目引言】

项目二的基础动画中，我们在制作动作补间动画时使用了元件，现在就让我们系统地了解一下什么是元件，元件有哪几种类型，如何制作元件。

【职业能力目标】

1. 了解元件的概念。

2. 能够制作图形类型元件，能够熟练运用图形类型的元件。

3. 能够熟练制作影片剪辑元件，并能够利用图形元件制作影片剪辑元件。

4. 了解什么是按钮元件，能够熟练制作按钮元件。

任务一 美丽记忆

 **任务情境**

同学小杨喜欢摄影，拍摄了很多美丽的照片，尤其是为他的姐姐拍摄了许多写真，他想把这些照片做成相册，送给自己的姐姐，为姐姐留下美丽的记忆。于是，他用这些照片做了一个动态的相册：在一幅背景图上，几张图片轮流出现，并添加淡入淡出特效。

 任务分析

相册效果如图 3-1-1 所示。

（a）

（b）

图 3-1-1 效果图

（c）

（d）

图 3-1-1　效果图（续）

【设计思路】

（1）导入图片素材。

（2）将导入的素材图片制作成图片元件。

（3）将制作的图片元件拖入舞台，制作淡入淡出效果。

任务实施

1. 新建文档，导入素材

① 运行 Flash CS6，新建一个空白文档，单击"属性"面板中的"编辑"按钮 ，设置舞台属性，其中，尺寸为 916 像素×484 像素，其余采用默认值，如图 3-1-2 所示。

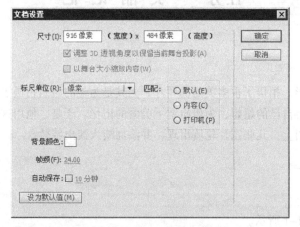

图 3-1-2　文档属性设置

② 选择菜单栏上的"文件"→"导入"→"导入到库"命令，在弹出的"导入到库"对话框中选择存放图片的文件夹，如图 3-1-3 所示。

③ 将文件夹下的所有图片选中，单击"打开"按钮，则所选图片导入库中。

④ 选择菜单栏中的"窗口"→"库"命令，或者使用快捷键【Ctrl+L】，打开"库"面板，在"库"面板中显示被导入的图片。

图 3-1-3 "导入到库"对话框

2. 制作图片元件

① 选择菜单栏中的"插入"→"新建元件"命令，或者使用快捷键【F8】，如图 3-1-4 所示，在弹出的"新建元件"对话框中设置："名称"为"背景"，"类型"为"图形"，单击"确定"按钮，进入元件编辑状态，如图 3-1-5 所示。

图 3-1-4 新建元件

图 3-1-5 "创建新元件"对话框 1

② 单击右侧"库"面板 ，展开"库"面板，选中其中的图片"背景图.jpg"，将其拖入舞台中，单击右侧的"对齐"面板 ，依次单击"水平中齐"按钮 和"垂直中齐"按钮 ，将图片放置在舞台的中央，如图 3-1-6 所示。

图 3-1-6 舞台效果 1

③ 选择菜单栏中的"插入"→"新建元件"命令，或者使用快捷键【F8】，在弹出的"新建

元件"对话框中设置："名称"为"人物 1"，"类型"为"图形"，单击"确定"按钮，进入元件
编辑状态，如图 3-1-7 所示。

图 3-1-7 "创建新元件"对话框 2

④ 单击右侧"库"面板 ，展开"库"面板，选中其中的图片"人物 1.png"，将其拖
入舞台中，单击右侧的"对齐"面板 ，依次单击"水平中齐"按钮 和"垂直中齐"按
钮 ，将图片放置在舞台的中央，如图 3-1-8 所示。

图 3-1-8 舞台效果 2

⑤ 依此类推，制作"人物 2"图形元件，将图片"人物 2"拖入这个图形元件的编辑窗中。

3. 制作淡入淡出动画特效

① 单击舞台窗口左上角的"场景 1"按钮 ，返回场景 1 的界面。

② 双击"图层 1"，将"图层 1"改名为"背景"，将"库"面板中的图形元件"背景"拖入
舞台，在右侧的"属性"面板中设置"X"值为"0.00"，"Y"值为"0.00"，使图片与舞台重合。

③ 右击"背景"图层的第 100 帧，在弹出的快捷菜单中选择"插入帧"，或使用快捷键【F5】，
插入一个普通帧，时间轴状态如图 3-1-9 所示。

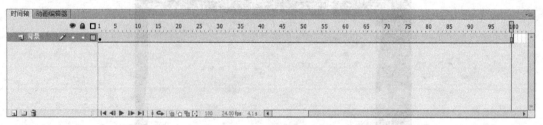

图 3-1-9 时间轴状态 1

④ 单击"时间轴"左下角的"新建图层"按钮 ，新建一个图层，图层名称更改为"人物 1"。

⑤ 单击"人物 1"图层的第 1 帧，将"库"面板中的元件"人物 1"拖入舞台中，放置在白
色矩形空白区域上，如图 3-1-10 所示。

图 3-1-10　舞台效果 3

⑥ 右击"人物 1"图层的第 1 帧，在弹出的快捷菜单中选择"创建补间动画"命令，选中舞台中的"人物 1"元件，展开右侧"属性"面板中的"色彩效果"选项，设置："样式"为"Alpha"，值为"10"，如图 3-1-11 所示。

⑦ 单击"人物 1"图层的第 15 帧，选中舞台中的"人物 1"元件，展开右侧"属性"面板中的"色彩效果"选项，设置："样式"为"Alpha"，值为"100"，如图 3-1-12 所示。

图 3-1-11　第 1 帧时的色彩效果　　　　图 3-1-12　第 15 帧时的色彩效果

⑧ 单击"人物 1"图层的第 50 帧，选中舞台中的"人物 1"元件，展开右侧"属性"面板中的"色彩效果"选项，设置："样式"为"Alpha"，值为"10"。

⑨ 单击"人物 1"图层的第 35 帧，选中舞台中的"人物 1"元件，展开右侧"属性"面板中的"色彩效果"选项，设置："样式"为"Alpha"，值为"100"，此时的时间轴状态如图 3-1-13 所示。

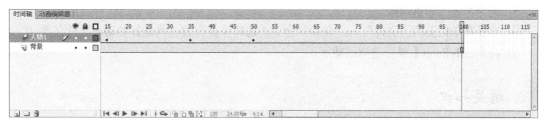

图 3-1-13　时间轴状态 2

⑩ 单击"时间轴"左下角的"新建图层"按钮 ，新建一个图层，图层名称更改为"人物 2"。

⑪ 右击"人物 2"图层的第 50 帧，在弹出的快捷菜单中选择"插入关键帧"命令，或使用快捷键【F6】，插入一个关键帧。

⑫ 将"库"面板中的元件"人物 2"拖入舞台中，放置在白色矩形空白区域上，如图 3-1-14 所示。

⑬ 右击"人物 2"图层的第 50 帧，在弹出的快捷菜单中选择"创建补间动画"命令，选中舞台中的"人物 2"元件，展开右侧"属性"面板中的"色彩效果"选项，设置："样式"为"Alpha"，值为"10"。

图 3-1-14　"人物 2"的舞台效果

⑭　单击"人物 2"图层的第 65 帧，选中舞台中的"人物 2"元件，展开右侧"属性"面板中的"色彩效果"选项，设置："样式"为"Alpha"，值为"100"。

⑮　单击"人物 2"图层的第 100 帧，选中舞台中的"人物 2"元件，展开右侧"属性"面板中的"色彩效果"选项，设置："样式"为"Alpha"，值为"10"。

⑯　单击"人物 2"图层的第 85 帧，选中舞台中的"人物 2"元件，展开右侧"属性"面板中的"色彩效果"选项，设置："样式"为"Alpha"，值为"10"，此时的时间轴状态如图 3-1-15 所示。

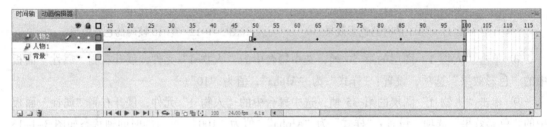

图 3-1-15　时间轴最终状态

4．保存文件，测试动画

①　选择菜单栏上的"文件"→"保存"命令，选择保存位置，将做好的动画文件存盘。

②　按【Ctrl+Enter】组合键测试动画。

 相关知识

元件在 Flash 动画制作中是存放在"库"里的，可以重复使用，并且在多次使用后不增加文件的大小，是 Flash 动画文件体积较小的一个关键因素，因此元件的使用非常频繁。

元件分为影片剪辑元件、按钮元件和图形元件三大类，只要将"库"里的元件拖入舞台中，舞台中就创建了一个此元件的实例。

图形元件的创建方法：

①　选择菜单栏中的"插入"→"新建元件"命令，在弹出的"新建元件"对话框中设置元件名称和类型，类型选项选择"图形"。

②　使用快捷键【F8】，在弹出的"新建元件"对话框中设置元件名称和类型，类型选项选择"图形"。

③ 右击在舞台上选中的对象，在弹出的快捷菜单中选择"转换为元件"命令，在"新建元件"对话框中设置元件名称和类型，类型选项选择"图形"。

任务拓展

想一想，在图片元件淡入淡出的同时变化大小，应该怎么做。

任务二　风　　车

任务情境

大多数人小时候都玩过风车，一阵风吹过，风车迎风旋转，很吸引眼球。我们大家一起使用 Flash CS6 来制作一个风车的动画吧。山丘旁，天空中白云飘过，小屋前的风车不停地旋转。

任务分析

动画效果如图 3-2-1 所示。

（a）　　　　　　　　　　　　　　　（b）

图 3-2-1　效果图

【设计思路】

（1）绘制背景山丘。

（2）绘制图形元件小屋、白云和风车。

（3）制作影片剪辑元件白云动画和风车动画。

（4）将需要的图形元件和影片剪辑元件拖入舞台，合理放置。

任务实施

1. 新建文档，绘制背景

① 运行 Flash CS6，新建一个空白文档，单击"属性"面板中的"编辑"按钮，设置舞台属性，其中，尺寸为 550 像素 × 350 像素，"背景颜色"为"#00CCFF"，其余采用默认值，如图 3-2-2 所示。

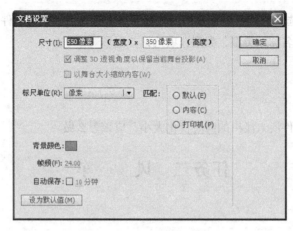

图 3-2-2　文档属性设置

② 双击时间轴上图层的名称"图层 1"，修改为"山丘 1"。

③ 利用基本图形工具和线条工具，在舞台中绘制山丘，如图 3-2-3 所示。

图 3-2-3　山丘

④ 单击"时间轴"面板左下方的"新建图层"按钮，新建一个图层，改名为"山丘 2"，拖动到"背景"图层的下方，时间轴和舞台状态如图 3-2-4 和图 3-2-5 所示。

图 3-2-4　修改图层名称

图 3-2-5　舞台效果

2. 制作图形元件小屋、白云和风车元件

① 选择菜单栏"插入"→"新建元件"命令，或使用快捷键【F8】，在弹出"创建新元件"

对话框中设置："名称"为"小屋"，"类型"为"图形"，单击"确定"按钮，进入元件编辑界面，如图 3-2-6 所示。

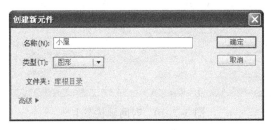

图 3-2-6　新建元件

② 利用工具栏中的工具绘制小屋，放置在正中，舞台效果如图 3-2-7 所示。

③ 择菜单栏"插入"→"新建元件"命令，或使用快捷键【F8】，在弹出"创建新元件"对话框中设置："名称"为"白云"，"类型"为"图形"，单击"确定"按钮，进入元件编辑界面。

④ 利用工具栏中的"椭圆"，复制多个白色的椭圆，绘制白云，效果如图 3-2-8 所示。

图 3-2-7　小屋

图 3-2-8　白云

⑤ 择菜单栏"插入"→"新建元件"命令，或使用快捷键【F8】，在弹出"创建新元件"对话框中设置："名称"为"风车"，"类型"为"图形"，单击"确定"按钮，进入元件编辑界面。

⑥ 利用工具栏中的工具绘制风车，放置在正中，效果如图 3-2-9 所示。

3. 制作白云飘过的动画

① 择菜单栏"插入"→"新建元件"命令，或使用快捷键【F8】，在弹出"创建新元件"对话框中设置："名称"为"白云动画"，"类型"为"影片剪辑"，单击"确定"按钮，进入元件编辑界面。

② 绘制一个宽 550、高 350 的矩形，颜色不限，放置在舞台正中央，作为辅助图形。

③ 单击"时间轴"面板左下方的"新建图层"按钮，新建一个图层，改名为"白云飘过"，时间轴状态如图 3-2-10 所示。

图 3-2-9　风车

④ 单击图层"白云飘过"的第 1 帧，将图形元件"白云"拖入舞台中，放置在矩形的左侧，如图 3-2-11 所示。

⑤ 右击时间轴上"图层 1"的第 80 帧，在弹出的快捷菜单中选择"插入帧"命令，插入个普通帧；右击图层"白云飘过"的第 80 帧，在弹出的快捷菜单中选择"插入关键帧"命令，插

入一个关键帧，时间轴状态如图 3-2-12 所示。

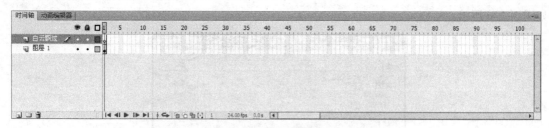

图 3-2-10　时间轴状态 1

图 3-2-11　第 1 帧处白云在舞台的位置

图 3-2-12　时间轴状态 2

⑥ 右击图层"白云飘过"的第 1 帧，在弹出的快捷菜单中选择"创建补间动画"命令，此时时间帧延续到 24 帧，鼠标放在 24 帧的右边框上，鼠标变成左右双箭头形状，向右拖动，将时间帧延长到第 80 帧，时间轴状态如图 3-2-13 所示。

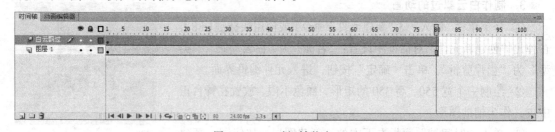

图 3-2-13　时间轴状态 3

⑦ 单击图层"白云飘过"的第 80 帧，将舞台中的白云移动到矩形的右侧，如图 3-2-14 所示。

⑧ 此时的时间轴状态如图 3-2-15 所示。

⑨ 选中"图层 1"，单击时间轴左下角的"删除"按钮 ，删除辅助图层。

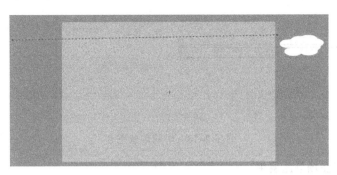

图 3-2-14　移动白云

图 3-2-15　时间轴状态 4

4．制作风车旋转的动画

① 择菜单栏"插入"→"新建元件"命令，或使用快捷键【F8】，在弹出创建新元件对话框中设置："名称"为"风车动画"，"类型"为"影片剪辑"，单击"确定"按钮，进入元件编辑界面。

② 将"图层 1"改名为"风车竿"，在舞台中绘制一个风车竿。

③ 单击时间轴左下角的"新建图层"按钮，图层名改为"风车叶"，将图形元件"风车"拖入舞台中，放置在"风车竿"上端，如图 3-2-16 所示。

④ 右击"风车竿"图层的第 40 帧，在弹出的快捷菜单中选择"插入帧"命令，或使用快捷键【F5】，插入一个普通帧；右击"风车叶"图层的第 40 帧，在弹出的快捷菜单中选择"插入关键帧"命令，或使用快捷键【F6】，插入一个关键帧。

⑤ 右击"风车叶"图层的第 1 帧，在弹出的快捷菜单中选择"创建传统补间"命令，在右侧"属性"面板中的"补间"选项中设置："旋转"为"顺时针"，如图 3-2-17 所示。

图 3-2-16　风车的舞台效果

图 3-2-17　属性-补间

⑥ 此时的时间轴状态如图 3-2-18 所示。

⑦ 单击左上角的"场景 1"按钮，返回场景。

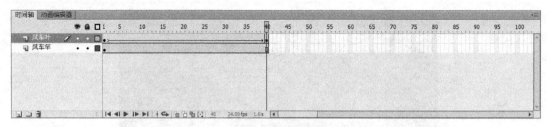

图 3-2-18　时间轴状态 5

5. 将元件放置在场景图层中

① 选中图层"山丘 1"，单击时间轴左下角的"新建图层"按钮🗅，图层名称改为"小屋"，将"库"面板中的图形元件"小屋"拖入舞台，使用工具栏中的"任意变形工具"🔯改变元件的大小，放置在合适的位置，如图 3-2-19 所示。

图 3-2-19　小屋在舞台的位置

② 单击时间轴左下角的"新建图层"按钮🗅，图层名称改为"风车"，将"库"面板中的影片剪辑元件"风车动画"拖入舞台，使用工具栏中的"任意变形工具"🔯改变元件的大小，放置在合适的位置，如图 3-2-20 所示。

图 3-2-20　放置"风车动画"元件

③ 单击时间轴左下角的"新建图层"按钮🗅，图层名称改为"白云"，将"库"面板中的图影片剪辑元件"白云动画"拖入舞台，使用工具栏中的"任意变形工具"🔯改变元件的大小，放置在舞台的左侧，如图 3-2-21 所示。

图 3-2-21　"白云"元件在舞台的位置

④ 此时的时间轴状态如图 3-2-22 所示。

6. 保存文件，测试动画

① 选择菜单栏上的"文件"→"保存"命令，选择保存位置，将做好的动画文件存盘。

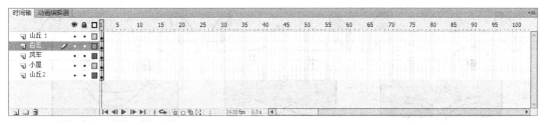

图 3-2-22　时间轴最终状态

② 按【Ctrl+Enter】组合键测试动画。

 相关知识

影片剪辑元件是 Flash CS6 里常见的元件类型之一，本质上，一个影片剪辑元件就是一个独立的动画片段。在场景中，不论影片剪辑元件有多少帧，只要 1 帧就能完全播放，这是影片剪辑元件与图形元件最大的区别。

影片剪辑元件的制作方法：

① 选择菜单栏中的"插入"→"新建元件"命令，在弹出的"新建元件"对话框中设置元件名称和类型，类型选项选择"影片剪辑"。

② 使用快捷键【F8】，在弹出的"新建元件"对话框中设置元件名称和类型，类型选项选择"影片剪辑"。

③ 右击在舞台上选中的对象，在弹出的快捷菜单中选择"转换为元件"命令，在"新建元件"对话框中设置元件名称和类型，类型选项选择"影片剪辑"。

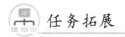 任务拓展

试一试，制作在山丘中有多个风车转动、两朵白云飘过的动画。

任务三 按 钮

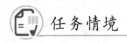

任务情境

我们经常在游戏、视频、课件中看见交互式按钮，那么这个按钮在 Flash CS6 中是怎么实现的呢？下面就一起来制作一个简单的按钮元件吧。一只小老鼠，在鼠标弹起、经过和按下时分别展现不同的表情。

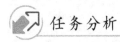

任务分析

按钮元件效果如图 3-3-1 所示。

图 3-3-1 效果图

【设计思路】

（1）新建按钮元件。

（2）设置按钮的 4 个时间帧中的状态。

任务实施

1．新建文档

运行 Flash CS6，新建一个空白文档，单击"属性"面板中的"编辑"按钮 🔧，设置舞台属性：其中，尺寸为 550 像素 × 400 像素，"背景颜色"为"#FFFFFF"，其余采用默认值，如图 3-3-2 所示。

2．新建按钮元件

① 择菜单栏"插入"→"新建元件"命令，或使用快捷键【F8】，在弹出的"创建新元件"对话框中设置："类型"为"按钮"，单击"确定"按钮，进入元件编辑界面，如图 3-3-3 所示。

② 单击"图层 1"中"弹起"状态下的时间帧，在舞台中绘制一个如图 3-3-4 所示的小老鼠。

③ 右击"图层 1"中"指针经过"状态下的时间帧，在快捷菜单中选择"插入关键帧"命令，或者使用快捷键【F6】，插入一个关键帧，在舞台中将小老鼠修改为如图 3-3-5 所示的样式。

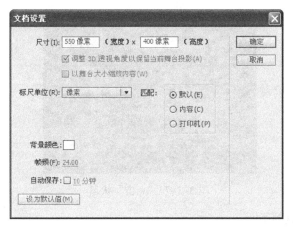

图 3-3-2　文档属性设置

图 3-3-3　"创建新元件"对话框

图 3-3-4　"弹起"状态

④ 右击"图层 1"中"按下"状态下的时间帧，在快捷菜单中选择"插入关键帧"命令，或者使用快捷键【F6】，插入一个关键帧，在舞台中将小老鼠修改为如图 3-3-6 所示的样式。

图 3-3-5　"指针经过"状态

图 3-3-6　"按下"状态

⑤ 右击"图层 1"中"点击"状态下的时间帧，在快捷菜单中选择"插入空白关键帧"命令，或者使用快捷键【F7】，插入一个空白关键帧，在舞台中将绘制一个矩形，如图 3-3-7 所示。

⑥ 单击舞台左上角的"场景 1"按钮，返回场景 1。

⑦ 将"库"面板中的按钮元件"元件 1"拖入舞台中，放置在舞台中央。

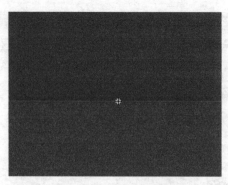

图 3-3-7 "点击"状态

3. 保存文件，测试动画

① 选择菜单栏上的"文件"→"保存"命令，选择保存位置，将做好的动画文件存盘。

② 按【Ctrl+Enter】组合键测试动画。

 相关知识

按钮元件在 Flash CS6 中主要用于创建鼠标交互式动画，通过与 Action 语句一起使用来实现其交互效果。

按钮元件的时间轴分为 4 个状态，分别是"弹起""指针经过""按下"和"点击"，如图 3-3-8 所示。

图 3-3-8 按钮元件的状态

按钮元件的制作方法：

① 选择菜单栏中的"插入"→"新建元件"命令，在弹出的"新建元件"对话框中设置元件名称和类型，类型选项选择"按钮"。

② 使用快捷键【F8】，在弹出的"新建元件"对话框中设置元件名称和类型，类型选项选择"按钮"。

③ 右击在舞台上选中的对象，在弹出的快捷菜单中选择"转换为元件"命令，在"新建元件"对话框中设置元件名称和类型，类型选项选择"按钮"。

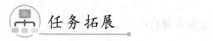 任务拓展

试一试，制作一个风车旋转的按钮：鼠标经过时风车转动，鼠标弹起和按下时风车停止旋转。

项 目 四

滤镜特效的使用

【项目引言】

滤镜特效是 Photoshop 中常用的一种图像处理效果。在 Flash 8 之前，如 Flash 中出现的模糊效果要先通过 Flash 软件输出 PNG 图像，在 Photoshop 中为图像添加模糊的滤镜效果，然后再导回 Flash 软件中制作模糊动画，工序非常多，过程所用时间很长。而 Flash CS6 中集合了常用的 7 种滤镜效果，使用滤镜可以为文本、按钮和影片剪辑增添有趣的视觉效果。

【职业能力目标】

1. 了解 Flash CS6 中 7 种滤镜效果。
2. 熟练掌握模糊滤镜、投影滤镜、发光滤镜、渐变发光滤镜、调整颜色滤镜效果的使用。
3. 掌握模糊滤镜效果属性值的设置。
4. 能够利用投影滤镜制作投影文字效果。
5. 能够利用模糊滤镜制作云彩效果。
6. 能够利用各种滤镜效果制作一个小广告。

任务一　投　影　文　字

 任务情境

我们常常利用 Photoshop 制作各种投影效果的文字或者图片，现在我们利用 Flash CS6 中的投影滤镜也可以实现同样的效果。本任务要求利用"投影滤镜"效果，制作带有投影效果的文字。

 任务分析

文字效果如图 4-1-1 所示。

FLASH CS6　　**FLASH CS6**　　**FLASH CS6**

图 4-1-1　效果图

【设计思路】

（1）使用文本工具。

（2）给文本添加"投影"滤镜效果。

（3）通过调节"投影"滤镜选项值达到最佳效果。

 任 务 实 施

1. 利用文本工具输入字符串

① 新建 ActionScript 3.0 文档，单击"属性"面板中的"编辑文档属性"按钮 🔧，设置舞台属性，其中，尺寸为 300 像素×200 像素，其余采用默认值，单击"确定"按钮，如图 4-1-2 所示。

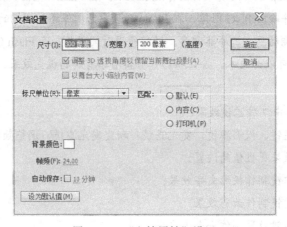

图 4-1-2　"文档属性"设置

② 选择工具箱中"文本工具" **T**，设置大小为"50.0"，颜色为"#0000FF"，其他为默认值，如图 4-1-3 所示，在舞台中间单击，输入"FLASH CS6"字符串，效果如图 4-1-4 所示。

FLASH CS6

图 4-1-3　"文本"属性窗口设置　　　　　　　图 4-1-4　输入字符串效果

2. 添加"投影"滤镜效果

使用选择工具选中文本，单击"添加滤镜"按钮 🔳，选择投影，如图 4-1-5 所示，此时滤镜面板中显示了投影选项及选项值，如图 4-1-6 所示。

图 4-1-5 "添加投影"后效果 　　　　图 4-1-6 投影选项及选项值

3. 设置投影选项值

更改模糊 X、模糊 Y 值为"3"像素，颜色设置为"#FF0000"，效果如图 4-1-7 所示，选项值如图 4-1-8 所示。

图 4-1-7 修改后的效果 　　　　　图 4-1-8 修改后的选项值

4. 保存文件，测试动画

① 选择菜单栏上的"文件"→"保存"命令，选择保存位置，将做好的动画文件存盘。

② 按【Ctrl+Enter】组合键测试动画。

 相关知识

Flash CS6 中滤镜效果对象可以是文本、按钮和影片剪辑等，选中文本、按钮或者影片剪辑元件，在滤镜面板左下角会出现"添加滤镜"按钮，如图 4-1-9 所示。单击"滤镜"面板左下角的"添加滤镜"按钮，我们可以看到 7 种不同的滤镜，分别是：投影、模糊、发光、斜角、渐变发光、渐变斜角、调整颜色，如图 4-1-10 所示。

图 4-1-9 滤镜面板中添加滤镜按钮 　　　　图 4-1-10 7 种滤镜效果

可以对一个对象应用多个滤镜，对象每添加一个新的滤镜，在属性检查器中，就会将其添加到该对象所应用的滤镜的列表中，应用滤镜后，可以随时改变它的各选项值，或者调整滤镜添加的顺序以生成不同效果，也可以删除以前应用的滤镜。

 任务拓展

同学可把文字换成其他文字或图片试一试。

任务二　云　彩

 任务情境

我们看动画片中时常出现朵朵漂浮不定的白云，边缘都有模糊朦胧的感觉。本实例就让我们利用"模糊"滤镜效果来做一个飘动的云彩吧。

 任务分析

云彩效果如图 4-2-1 所示。

 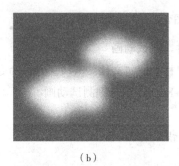

（a）　　　　　　　　　　　（b）

图 4-2-1　效果图

【设计思路】

（1）掌握椭圆工具的使用。

（2）给图片添加"模糊"滤镜效果。

（3）通过调节"模糊"滤镜选项值达到最佳效果。

（4）制作白云飘动动画

 任务实施

1. 绘制"云彩"元件

① 新建 ActionScript 3.0 文档，单击"属性"面板中的"编辑文档属性"按钮，打开"文档设置"窗口，修改背景颜色为"#0099CC"，其他为默认值，如图 4-2-2 所示。

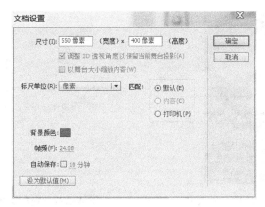

图 4-2-2　"文档设置"对话框

② 选择"椭圆工具"　，设置属性，笔触颜色为无　，填充颜色为白色"#FFFFFF"，其他为默认值，如图 4-2-3 所示，在舞台中绘制几个大小不等的椭圆，按住【Ctrl】键选中，拖动鼠标复制几个椭圆，拼成云彩形状，如图 4-2-4 所示。

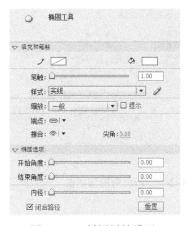

图 4-2-3　椭圆属性设置

图 4-2-4　绘制的云彩效果图

③ 选中绘制的云彩并右击，在弹出的菜单中选择"转换为元件"命令，弹出"转换为元件"对话框，名称改为云彩，类型为"影片剪辑"，单击"确定"按钮，将绘制的云彩转换为影片剪辑元件，如图 4-2-5 所示。

图 4-2-5　"转换为元件"对话框

2. 添加"模糊"滤镜效果

选中云彩影片剪辑元件，单击"添加滤镜"按钮　，选择模糊，如图 4-2-6 所示，此时"模糊"面板中显示了模糊选项及选项值，如图 4-2-7 所示。

图 4-2-6　添加"模糊"后效果

图 4-2-7　模糊选项及选项值

3．设置模糊选项值

更改模糊 X、模糊 Y 值为"20"像素，品质选择"高"，效果如图 4-2-8 所示，选项值如图 4-2-9 所示。

图 4-2-8　修改后的效果

图 4-2-9　修改后的选项值

4．制作飘动的云彩

① 选中图层 1，分别在第 1 帧、第 40 帧、第 80 帧的位置右击插入关键帧，或按【F6】快捷键插入关键帧，效果如图 4-2-10 所示。

图 4-2-10　添加关键帧后的图层

② 选中第 1 帧并右击，添加传统补间动画，并将舞台中白云移动到舞台最左边，选中第 40 帧并右击，添加传统补间动画，并将舞台中的白云移动到舞台中间偏上，选中第 80 帧，将舞台中的白云移动最右边，时间轴效果如图 4-2-11 所示。

图 4-2-11　添加补间动画后时间轴效果

③ 如果白云飘动速度比较快，我们可以调整帧频或者通过延长时间轴的帧数来实现速度变缓。

5. 保存文件，测试动画

① 选择菜单栏上的"文件"→"保存"命令，选择保存位置，将做好的动画文件存盘。

② 按【Ctrl+Enter】组合键测试动画。

 相关知识

利用 Flash CS6 提供的椭圆工具可以绘制各种规格的椭圆，当将几个椭圆按照一定的方式组合，就可以得到其他图片效果，Flash CS6 中滤镜效果对象可以是文本、按钮和影片剪辑等，所以我们要将绘制的图片转换为影片剪辑后才能对它添加滤镜效果。选中绘制的对象并右击，在弹出的快捷菜单中选择"转换为元件"选项或者直接按【F8】快捷键，选择类型为影片剪辑，可以将对象转换为影片剪辑。单击"滤镜"面板左下角的"添加滤镜"按钮，即可添加投影、模糊、发光、斜角、渐变发光、渐变斜角、调整颜色等滤镜效果。

 任务拓展

试一试，能否制作其他样式的模糊效果。

任务三　小　广　告

 任务情境

我们常看到各种网页上的 logo 和不时弹出的各种各样的小广告，今天我们就利用 Flash CS6 中的各种滤镜效果结合补间动画来自己制作一个文字特效小广告。创建各种滤镜效果，在各种效果之间创建补间动画，实现效果的过渡变化。

 **任务分析**

滤镜效果如图 4-3-1 所示。

图 4-3-1　效果图

【设计思路】

（1）使用文本工具插入文本，使用【Ctrl+B】组合键打散文本，并调整字的形状。

（2）给文本添加多种滤镜效果。

（3）在各种效果之间创建补间动画。

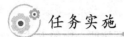 任务实施

1. 新建文档，插入文字

① 新建 Flash CS6 文件，单击"属性"面板中的"编辑"按钮 🔧，设置舞台属性，其中，尺寸设置为 300 像素 ×150 像素，背景颜色为"#000000"，其余采用默认值，如图 4-3-2 所示。

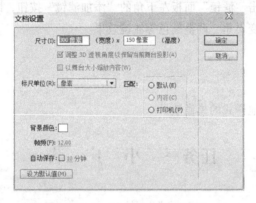

图 4-3-2 "文档设置"对话框

② 单击工具箱中的"文本工具"按钮 🅣，设置字体为"微软雅黑"，大小为"60.0"点，颜色为"#0000FF"，其他设为默认值。在舞台中央输入"FLASH"，属性设置如图 4-3-3 所示。

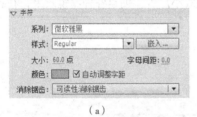
（a）

（b）

图 4-3-3 字符属性窗口及输入文字后效果

③ 选中舞台中的文字，按两次【Ctrl+B】组合键将文字打散，将鼠标移动到"F"的右上角，当鼠标下方出现直角形状时，拖动鼠标，改变"F"的形状，同样的方法，将鼠标移动到"F"的左下角，改变"F"的形状，效果如图 4-3-4 所示。

图 4-3-4 改变文字的形状

④ 选中字母"F"，按【Ctrl+X】组合键，单击添加图层按钮 ，添加一个图层 2，重命名为 f，按【Ctrl+Shift+V】组合键，将字母"F"移动到"f"图层中。锁定图层 1，并隐藏，下面我们就"f"图层设置动画效果，此时时间轴如图 4-3-5 所示。

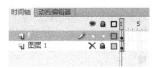

图 4-3-5　时间轴效果 1

⑤ 选中"f"图层中的"F"并右击，选择转换为元件，弹出"转换为元件"对话框，名称改为"f"，类型选择"影片剪辑"，其他默认，单击"确定"按钮，如图 4-3-6 所示。

图 4-3-6　"转换为元件"对话框

2. 添加滤镜效果

① 分别在"f"图层第 10 帧、15 帧、20 帧、30 帧、40 帧、45 帧、50 帧、60 帧位置按【F6】键，插入关键帧，时间轴如图 4-3-7 所示。

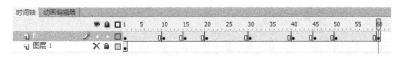

图 4-3-7　时间轴效果 2

② 选中第 1 帧，单击舞台中"F"，打开"属性"面板，单击"添加滤镜"按钮 ，添加模糊滤镜效果，单击链接 X 和 Y 属性值 ，取消链接 X 和 Y 属性值，模糊 X 输入"50"，其他默认。并将"F"水平拖出舞台，如图 4-3-8 所示。

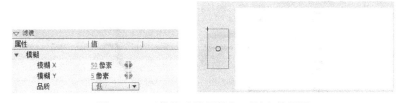

图 4-3-8　"模糊滤镜属性"面板和效果图

③ 选中第 15 帧，单击舞台中"F"，打开"属性"面板，单击"添加滤镜"按钮 ，添加投影滤镜效果，模糊 X 输入"20"，强度为"80"，角度为"50"，其他默认，如图 4-3-9 所示。

④ 选中第 30 帧，单击舞台中"F"，打开"属性"面板，单击"添加滤镜"按钮 ，添加发光滤镜效果，模糊 X 输入"10"，模糊 Y 输入为"10"，强度为"200"，其他默认，如图 4-3-10 所示。

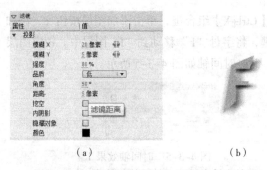

（a）　　　　　　　　　　　　（b）

图 4-3-9 "投影滤镜属性"面板和舞台效果

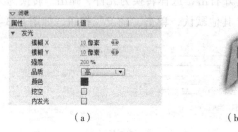

（a）　　　　　　　　　　　　（b）

图 4-3-10 "发光滤镜属性"面板和舞台效果

⑤ 选中第 45 帧，单击舞台中"F"，打开"属性"面板，单击"添加滤镜"按钮，添加调整颜色滤镜效果，对比度为"20"，饱和度为"100"，色相为"180"，其他默认，如图 4-3-11 所示。

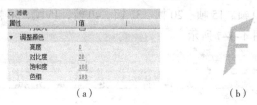

（a）　　　　　　　　　　　　（b）

图 4-3-11 "调整颜色滤镜属性"面板和舞台效果

⑥ 选中第 60 帧，单击舞台中"F"，打开"属性"面板，点击"添加滤镜"按钮，添加渐变发光滤镜效果，角度为 60，其他默认，如图 4-3-12 所示。

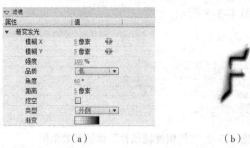

（a）　　　　　　　　　　　　（b）

图 4-3-12 "渐变发光滤镜属性"面板和舞台效果

3. 添加补间动画

① 选中图层"f"中第 1～50 帧并右击，如图 4-3-13 所示，选择创建传统补间，效果如图 4-3-14 所示。

② 锁定图层"f"，解锁图层 1，将第 1 帧移动到第 40 帧的位置，选中舞台中的"LASH"字

母并右击，选择"转换为元件"命令，将其转换为影片剪辑元件，选中第 60 帧，按【F6】键插入关键帧，时间轴如图 4-3-15 所示。

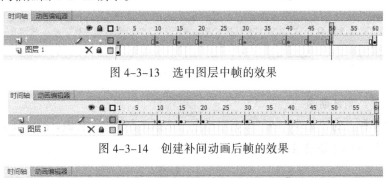

图 4-3-13 选中图层中帧的效果

图 4-3-14 创建补间动画后帧的效果

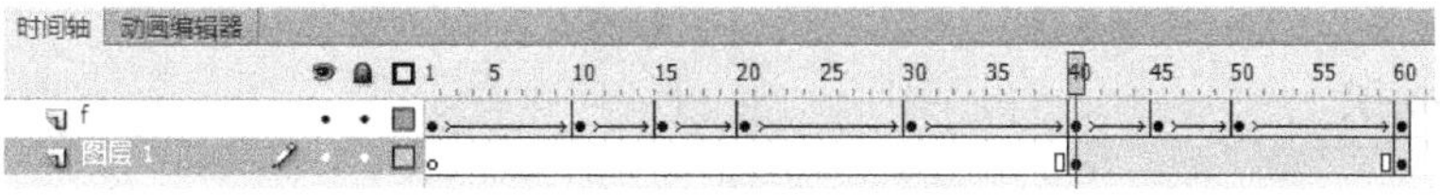

图 4-3-15 时间轴效果 3

③ 选中第 40 帧，单击舞台中"LASH"元件，打开"属性"面板，单击"添加滤镜"按钮 ，添加"调整颜色"滤镜效果，亮度为"100"，对比度为"50"，其他默认。渐变发光滤镜模糊 X 和模糊 Y 都设为"5"，其他默认，如图 4-3-16 所示。

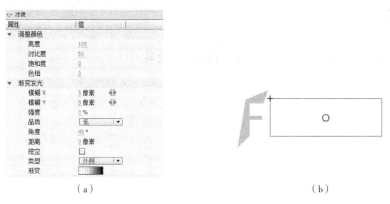

（a）　　　　　　　　　　（b）

图 4-3-16 "调整颜色"滤镜面板和舞台效果

④ 选中第 60 帧，单击舞台中"LASH"元件，打开"属性"面板，单击"添加滤镜"按钮 ，添加"渐变发光滤镜"效果，模糊 X 和模糊 Y 都设置为"5"，距离设为"5"，其他默认，如图 4-3-17 所示。

（a）　　　　　　　　　　（b）

图 4-3-17 "渐变发光"滤镜效果面板和舞台效果

⑤ 选中 40 帧并右击,选择"创建传统补间动画"命令。同时选中图层 1 和"f"图层第 80 帧,按【F5】键插入普通帧,时间轴效果如图 4-3-18 所示。

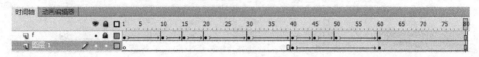

图 4-3-18　时间轴效果 4

4．保存文件,测试动画

① 选择菜单栏上的"文件"→"保存"命令,选择保存位置,将做好的动画文件存盘。

② 按【Ctrl+Enter】组合键测试动画。

 相关知识

前面我们讲解了给文字添加投影效果,给影片剪辑添加模糊效果。结合补间动画,我们就可以把各种滤镜效果通过补间动画来完成各种特效动画。只需要将各种关键帧添加不同的滤镜效果,通过添加传统补间动画就可以实现过渡效果的动画了。

 任务拓展

试一试,能否通过调整添加滤镜顺序实现不同的动画效果。

项目五

复合动画

【项目引言】

能够熟练使用 Flash CS6 的工具制作逐帧动画和补间动画等基础动画后，我们可以开始学习一些稍难点的复合动画。Flash CS6 制作的复合动画包括引导层动画和遮罩动画。

Flash CS6 的补间动画中，我们可以通过调整它路径的弧度让对象沿着路径运动起来，项目六中我们介绍另一种让动画按照我们指定轨迹来运动的动画——引导层动画。如果希望创建的动画按照我们指定的轨迹来运动，就需要通过引导层动画来实现，引导层动画分为普通引导层和运动引导层。普通引导层只能起到辅助绘图和绘图定位的作用，运动引导层可以起到设置运动路径的导向作用，使与之相链接的被引导层中的对象沿此路径运动。实际应用中，运动引导层比普通引导层用得多。要将普通引导层转换为运动引导层，只需要为普通引导层添加一个被引导层。

Flash CS6 动画中，遮罩动画是一个很重要的动画类型，很多效果丰富的动画都是通过遮罩动画来完成的。在 Flash 的图层中有一个遮罩图层类型，为了得到特殊的显示效果，可以在遮罩层上创建一个任意形状的"视窗"，遮罩层下方的对象可以通过该"视窗"显示出来，而"视窗"之外的对象将不会显示。

【职业能力目标】

1. 理解和掌握引导层、被引导层概念。
2. 理解和掌握遮罩层、被遮罩层的概念。
3. 掌握一个引导层引导多个被引导层的引导动画的原理及制作方法。
4. 深入理解遮罩动画的原理及制作方法。
5. 掌握引导动画原理的基础上会制作一些特殊轨迹的动画。
6. 掌握引导层动画模拟纸飞机的运动。
7. 掌握引导层动画制作星星效果和海底世界效果的方法。
8. 掌握遮罩层动画制作放大镜效果、佛光效果和瀑布效果的方法。

任务一　飞行的纸飞机

 任务情境

小时候我们都叠过纸飞机，那怎样能够让纸飞机按照既定的飞行轨迹在空中飞翔？利用前面

的运动动画我们可以让纸飞机在空中按照直线飞翔，但是我们在实际中，纸飞机会按照一定的轨迹飞上天空，然后再缓缓的降落在水平面上。今天就让我们通过 Flash CS6 来制作一个纸飞机，并且按照我们绘制的轨迹飞起来吧。

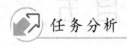 任务分析

纸飞机效果如图 5-1-1 所示。

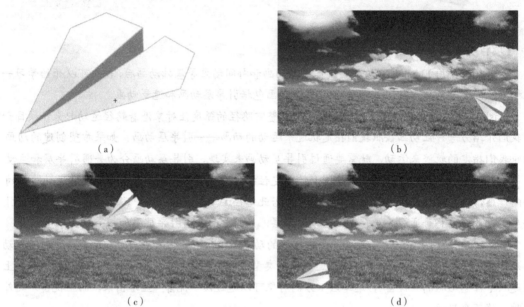

图 5-1-1　效果图

【设计思路】

（1）绘制纸飞机。

（2）制作纸飞机飞行动画。

（3）制作纸飞机按照一定轨迹飞翔。

任务实施

1. 绘制纸飞机

① 新建 ActionScript 3.0 文档，单击"属性"面板中的"编辑"按钮，设置舞台属性，其中，尺寸为 800 像素×400 像素，其余采用默认值，如图 5-1-2 所示。

② 单击菜单"插入"新建元件或者按【Ctrl+F8】组合键创建新元件，名称为"飞机"，类型选择"图形"，单击"确定"按钮，进入元件编辑窗口，如图 5-1-3 所示。

③ 单击工具箱中的"线条工具"按钮 ，设置笔触颜色为"#FF9999"，笔触高度为"2.00"，样式为"实线"，在舞台上绘制飞机，属性设置如图 5-1-4 所示。

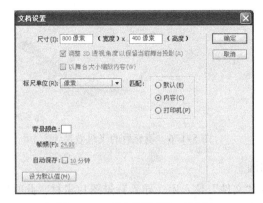

图 5-1-2 "文档设置"对话框

图 5-1-3 "创建新元件"对话框

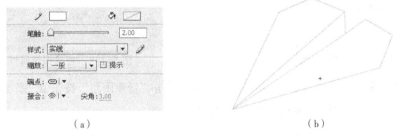

（a） （b）

图 5-1-4 线条工具属性设置

④ 单击工具箱中"颜料桶工具"按钮，将填充颜色设置渐变色填充，单击菜单"窗口"中的"颜色"面板，设置填充渐变色，第一个颜料笔颜色为"#FFFFFF"，第二个颜料笔颜色为"#FFCCCC"，如图 5-1-5 所示，给飞机的两个翅膀填充颜色，设置填充颜色为纯色填充。设置填充颜色为"#D96363"，填充机身内部，效果如图 5-1-6 所示。

（a） （b）

图 5-1-5 "颜料桶工具设置"窗口

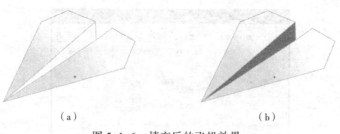

（a） （b）

图 5-1-6 填充后的飞机效果

2. 制作纸飞机飞行动画

① 单击"菜单"中的"文件"导入库，导入背景图片素材，此时库文件里有两个文件，如图 5-1-7 所示。选中背景图片，拖入舞台中，调整"属性"面板中的位置和大小，X 和 Y 值为"0.00"，效果如图 5-1-8 所示。

图 5-1-7 "库"面板 图 5-1-8 背景图像属性

② 将图层 1 重命名为"背景"，并锁定该图层。单击"新建图层"按钮，添加一个图层，命名为"运动的飞机"，图层效果如图 5-1-9 所示。

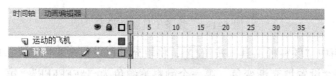

图 5-1-9 图层效果图 1

③ 打开"库"面板，将飞机元件拖入舞台适当位置，此时效果如图 5-1-10 所示。选中飞机，单击"任意变形"按钮，调整飞机的大小和方向，如图 5-1-11 所示。

图 5-1-10 调整前舞台效果

④ 选中"背景"图层，在第 80 帧位置插入帧，选中"运动的飞机"图层，在 80 帧位置插

入关键帧，选中飞机并将飞机拖到舞台的另一边，在"运动的飞机"图层第 1～80 帧中任选一帧右击，选择"创建传统补间"命令，帧效果如图 5-1-12 所示。

图 5-1-11 调整后舞台效果

图 5-1-12 帧效果图

⑤ 按【Ctrl+ Enter】组合键测试，此时完成飞机沿地面飞行的动画。

3．制作飞机沿一定轨迹飞行动画

① 单击"新建图层"按钮 ，添加一个图层，命名为"引导线"，图层效果如图 5-1-13 所示。

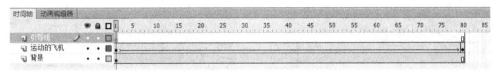

图 5-1-13 图层效果图 2

② 选择钢笔工具，在舞台中绘制一定弧度的曲线，适当调整曲线，效果如图 5-1-14 所示。

（a）

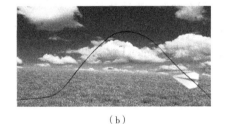

（b）

图 5-1-14 引导线效果图

③ 选中"引导线"图层并右击，选择引导层，将该图层属性设置为"引导层"，图层变化如图 5-1-15 所示，将"引导线"图层转换为普通引导层。选中"运动的飞机"图层，按住鼠标左键拖动该图层至"引导线"图层下方，此时看到如图 5-1-16 所示效果，松开鼠标，将"运动的飞机"图层设置为被引导层，图层效果如图 5-1-17 所示。

图 5-1-15 引导线图层变化图

图 5-1-16 拖动"运动的飞机"图层效果

图 5-1-17 引导层和被引导层图层效果图

④ 单击"运动的飞机"图层第 1 帧，选中舞台中飞机元件使飞机元件的中心点吸附在引导线的起点，如图 5-1-18 所示，单击"运动的飞机"图层第 80 帧，选中舞台中飞机元件使飞机元件的中心点吸附在引导线的终点，如图 5-1-19 所示。

图 5-1-18　飞机起点设置　　　　　　　　　图 5-1-19　飞机终点设置

⑤ 单击"运动的飞机"图层第 1 帧，打开"属性"面板，勾选调整到路径，选择任意变形工具，将纸飞机的方向调整与引导线方向一致，单击"运动的飞机"图层第 80 帧，选择任意变形工具，将纸飞机的方向调整与引导线方向一致，如图 5-1-20 所示。

（a）　　　　　　　　　　　　　　　　（b）

图 5-1-20　纸飞机起始帧方向调整

4．保存文件，测试动画

① 选择菜单栏上的"文件"→"保存"命令，选择保存位置，将做好的动画文件存盘。

② 按【Ctrl+Enter】组合键测试动画。

 相关知识

1．引导层的类型

引导层有两种，图标 🖍 是普通引导层，图标 ⁝⁞ 是运动引导层，普通引导层只能起到辅助绘图和绘图定位的作用，它有着与一般图层相似的图层属性，它可以不使用被引导层而单独使用。而运动引导层则总是与至少一个图层相关联，这些被引导的图层称为被引导层，将一般图层设为某运动引导层的被引导层后，可以使该层上的任意对象沿着它在运动引导层上的路径进行运动。要将普通引导层转换为运动引导层，只需要将普通引导层添加一个被引导层。

2．引导层的创建

在图层 2 上右击，在弹出的快捷菜单中选择"引导层"命令，该图层变为普通引导层，图层图标变化为 🖍，拖动图层 1，贴近图层 2，此时图像变化如图 ⌐图层2，放开鼠标，此时图层变化为 ⌐图层2 ⌐图层1，完成引导层动画设置。图层 1 为被引导层，图层 2 为引导层，如图 5-1-21 所示。在一个引导层下可以建立多个引导层。

图 5-1-21　图层效果图 3

任务拓展

试一试，能否制作一个蝴蝶在花中飞舞的动画效果。

任务二　绘制星星

任务情境

任务一中我们的纸飞机按照曲线在飞翔，我们的路径能否是一些特殊的轨迹呢，譬如椭圆、五角星，等等。让我们结合逐帧动画和引导动画来制作一个小球沿着五角星形的轨迹运动，并绘制出五角星形的动画。

任务分析

小球运动效果如图 5-2-1 所示。

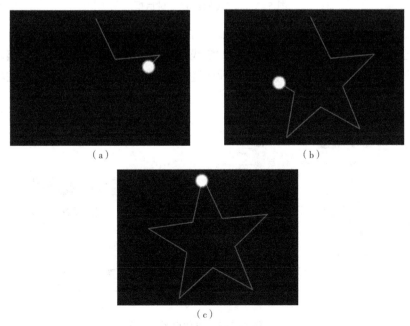

（a）　　　　　　　　　　（b）

（c）

图 5-2-1　效果图

【设计思路】

（1）制作小球直线运动。

（2）使小球沿着五角星形轨迹运动。

（3）利用逐帧动画原理制作小球绘制出五角星形的动画。

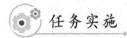 任务实施

1. 新建文档，小球直线运动

① 新建 Flash CS6 文件，单击"属性"面板中的"编辑"按钮 ，设置舞台属性，其中，帧频为"10.00"，背景颜色为"#000000"，其余采用默认值，如图 5-2-2 所示。

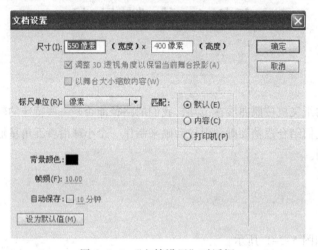

图 5-2-2 "文档设置"对话框

② 单击工具箱中的"多角星形工具"按钮 ，在"属性"面板中设置笔触颜色为"#FF0000"，填充色为"无"，笔触高度为"3.00"，样式为"实线"，再单击"选项"按钮，在弹出的"工具设置"对话框中设置样式为"星形"，其余采用默认值，属性设置如图 5-2-3 所示，在舞台绘制一个五角星形，效果如图 5-2-4 所示。

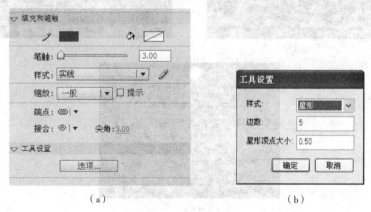

（a）   （b）

图 5-2-3 属性设置

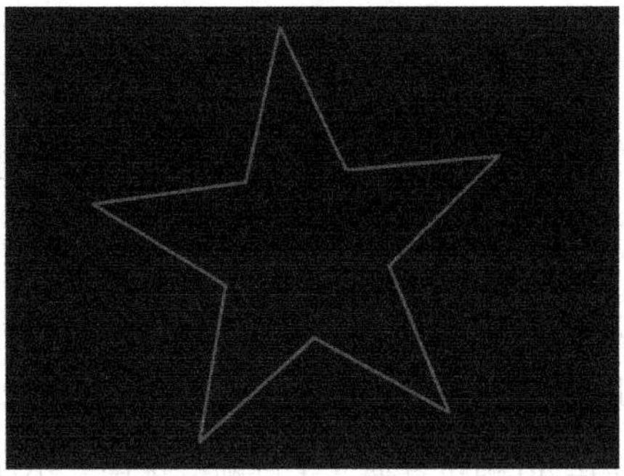

图 5-2-4　星形效果图

③ 将图层 1 重命名为“轨迹”，在第 40 帧插入普通帧，帧效果如图 5-2-5 所示。

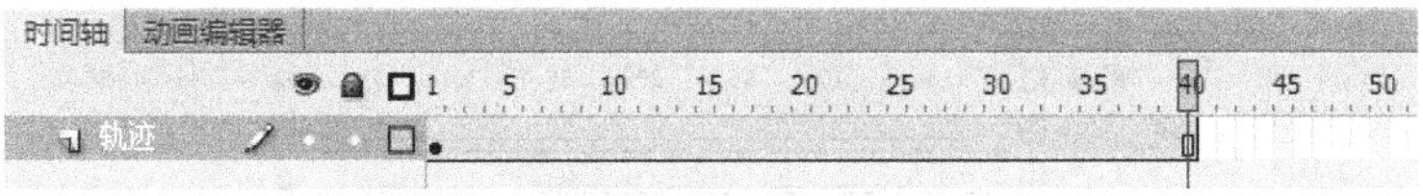

图 5-2-5　帧效果图 1

④ 新建一个图层，重命名为“小球”，图层效果如图 5-2-6 所示。

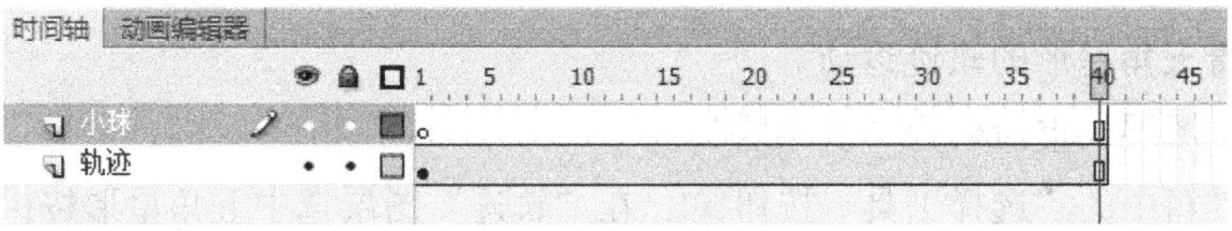

图 5-2-6　图层效果图 1

⑤ 单击工具箱中的“椭圆工具”按钮，在属性面板中设置笔触颜色为无，填充颜色为“#FFFFFF”，其余采用默认值，按住【Shift】键绘制一个正圆，效果如图 5-2-7 所示。

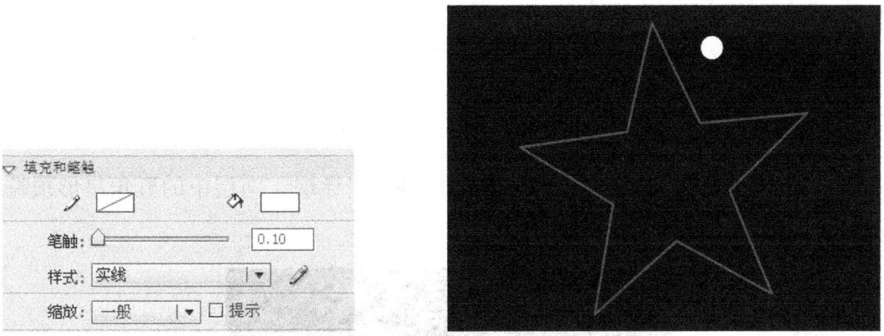

（a）　　　　　　　　　　（b）

图 5-2-7 “椭圆工具”属性设置

⑥ 单击工具箱中的“选择工具”按钮，选中场景中的白色正圆，执行菜单栏上的“修改”→“形状”→“柔化填充边缘”命令，弹出“柔化填充边缘”对话框，设置距离为“15 像素”，步长为“15”，设置如图 5-2-8 所示。

⑦ 单击工具箱中的“选择工具”按钮，在场景中拖动选中白色正圆，右击选择“转换为元件”命令，将白色正圆转换为图形元件，并将元件命名为小球，如图 5-2-9 所示。

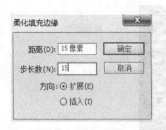

图 5-2-8 "柔化填充边缘"对话框 　　　　图 5-2-9 "转换为元件"对话框

⑧ 选中"小球"图层，在第 40 帧位置插入关键帧，选中"小球"元件，将小球拖到舞台的另一边，在"小球"图层的第 1～40 帧任意一帧上右击，选择"创建传统补间"命令，帧效果如图 5-2-10 所示。

图 5-2-10 帧效果图 2

⑨ 按【Ctrl+Enter】组合键测试，此时完成小球直线运动的动画。

2. 小球沿着五角星形的轨迹运动

① 新建一个图层，重命名为"引导层"。

② 单击工具箱中的"选择工具"按钮 ，在"轨迹"图层选中五角星形按快捷键【Ctrl+C】复制，在"引导层"图层第 1 帧按快捷键【Ctrl+Shift+V】粘贴到当前位置，锁定"轨迹"图层，并隐藏，如图 5-2-11 所示。

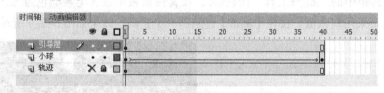

图 5-2-11 图层效果图 2

③ 单击工具箱中的"橡皮擦工具"按钮 ，将"引导层"图层中的五角星形顶端擦掉部分（引导线不能是闭合的曲线），如图 5-2-12 所示。

图 5-2-12 绘制的引导线

④ 选中"引导层"图层并右击，选择"引导层"命令，将该图层属性设置为"引导层"，图层变化如图 5-2-13。将"引导层"图层转换为普通引导层。选中"小球"图层，按住鼠标左键拖动该图层至"引导层"图层下方，此时看到如图 5-2-14 所示效果，松开鼠标，将"小球"图层设置为被引导层，图层效果如图 5-2-15 所示。

图 5-2-13　转变为引导层效果图

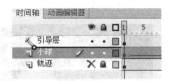

图 5-2-14　拖动"小球"图层的效果

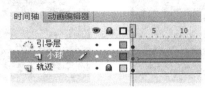

图 5-2-15　引导层和被引导层帧效果图

⑤ 单击"小球"图层第 1 帧，选中舞台中小球元件使小球元件的中心点吸附在引导线的起点，如图 5-2-16 所示，单击"小球"图层第 40 帧，选中舞台中小球元件使小球元件的中心点吸附在引导线的终点，如图 5-2-17 所示。

图 5-2-16　小球起点位置

图 5-2-17　小球终点位置

⑥ 锁定"小球""引导层"图层，并隐藏"引导层"图层。

3．制作小球绘制五角星的动画

① 解锁"轨迹"图层，按住鼠标左键，拖动鼠标，选中第 2～40 帧，右击选择"转换为关键帧"命令，将中间的所有帧全部转换为关键帧，如图 5-2-18 所示。

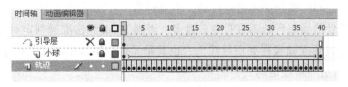

图 5-2-18　帧效果图 3

② 单击"轨迹"图层的第 1 帧，利用工具箱中的"橡皮擦工具" 擦除场景中的整个五角星形，单击第 2 帧，擦除小球以下的部分，如图 5-2-19（a）所示，单击第 3 帧，擦除小球以下的部分，如图 5-2-19（b）所示，再单击第 4 帧，擦除小球以下的部分，如图 5-2-19（c）所示，依次操做，直到第 40 帧，在第 40 帧不需要利用"橡皮擦工具" 擦除，保留完整的五角星形。上述操作结果如图 5-2-19（d）所示。

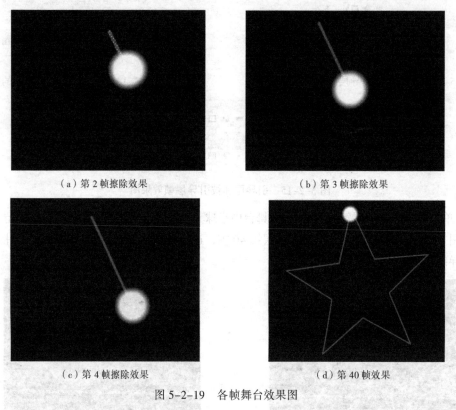

（a）第 2 帧擦除效果   （b）第 3 帧擦除效果

（c）第 4 帧擦除效果   （d）第 40 帧效果

图 5-2-19   各帧舞台效果图

4. 保存文件，测试动画

① 选择菜单栏上的"文件"→"保存"命令，选择保存位置，将做好的动画文件存盘。

② 按【Ctrl+Enter】组合键测试动画。

相关知识

引导线

① 引导线不能是封闭的曲线，要有起点和终点。

② 起点和终点之间的线条必须是连续的，不能间断，可以是任何形状。

③ 引导线转折处的线条弯转不宜过急、过多，否则 Flash 无法准确判定对象的运动路径。

④ 被引导对象必须准确吸附到引导线上，也就是元件编辑区中心必须位于引导线上，否则被引导对象将无法沿引导路径运动。

⑤ 引导线在最终生成动画时是不可见的。

任务拓展

试一试，能否制作贪吃蛇游戏效果。

任务三　海　底　世　界

任务情境

前面的例子中我们学习了让对象按照我们想要的路径进行运动的动画效果，那我们能否做一个海底小鱼游动的动画效果呢？利用一张静止的海底图片以及小鱼图片，制作一个动态的海底世界的效果，要包括小鱼的游动，水泡上升的效果。

任务分析

小鱼效果如图 5-3-1 所示。

（a）

（b）

（c）

图 5-3-1　效果图

【设计思路】

（1）制作一个水泡效果的影片剪辑。

（2）制作小鱼游动的动画。

（3）利用引导层动画让小鱼按照规定的轨迹游动。

任务实施

1. 新建文档，制作水泡效果

① 打开"海底世界素材.fla"文件，单击"属性"面板中的"编辑"按钮 ✎，设置舞台背景颜色为"#66CCCC"，其余采用默认值。如图 5-3-2 所示。

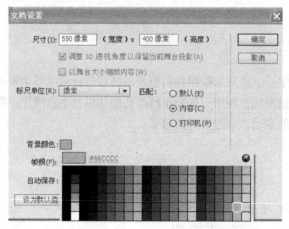

图 5-3-2 "文档设置"对话框

② 此时库文件里有 3 个文件，如图 5-3-3 所示。选中"背景"素材图片，拖入舞台中，调整"属性"面板中的位置和大小，宽高为"550 像素 × 400 像素"，"X"和"Y"值为"0.00"，属性设置如图 5-3-4 所示。

图 5-3-3 "库"面板   图 5-3-4 背景图片属性

③ 将图层 1 重命名为"背景"，在第 90 帧右击，选择"插入帧"命令或者按【F5】键插入普通帧，锁定"背景"图层，如图 5-3-5 所示。

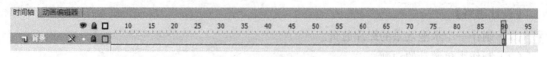

图 5-3-5 帧效果图 1

④ 执行菜单栏上的"插入"→"新建元件"命令或者按【Ctrl+F8】组合键创建新元件，名称为"水泡"，类型选择"影片剪辑"，单击"确定"按钮，进入元件编辑窗口，如图 5-3-6 所示。

图 5-3-6　"创建新元件"对话框

⑤ 单击工具箱中的"椭圆工具"按钮 🔘，按住【Shift】键绘制一个无填充的正圆，再单击工具箱中的"颜料桶工具"按钮 🖍，在颜色面板中设置颜色类型为"径向渐变"，在混色面板中设置 3 个渐变颜色控制节点，3 个控制节点的颜色均为"#FFFFFF"，从左到右的 Alpha 分别为"0"、"20"、"100"，如图 5-3-7 所示，单击正圆填充，删除正圆的边线，如图 5-3-8 所示。

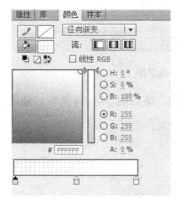

图 5-3-7　"颜料桶工具"面板　　　图 5-3-8　填充后效果

⑥ 用椭圆工具画两个白色的小圆点，移至刚才画的正圆上，效果如图 5-3-9 所示。选中正圆并右击，选择"转换为元件"命令，将其转换为图形元件，命名为"泡泡图"，如图 5-3-10 所示。

图 5-3-9　气泡效果图　　　图 5-3-10　"转换为元件"对话框

⑦ 在图层 1 的第 90 帧插入关键帧，选中水泡，将水泡拖到舞台的上方，在图层 1 的 1～90 帧任意一帧中右击，选择"创建传统补间"命令。将图层 1 重命名为"泡 1"，如图 5-3-11 所示。

图 5-3-11　帧效果图 2

⑧ 新建两个图层，分别命名为"泡 2""泡 3"，复制"泡 1"图层的第 1 到 90 帧，粘贴到"泡 2""泡 3"图层，并将"泡 2"图层的第 1 帧向后拖 10 帧，将"泡 3"图层的第 1 帧向后拖 20 帧，将多余的帧删掉，帧效果图如图 5-3-12 所示。

图 5-3-12　帧效果图 3

⑨ 新建一个图层，命名为"引导线"，如图 5-3-13 所示。

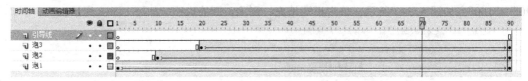

图 5-3-13　图层效果图 1

⑩ 单击工具箱中的"铅笔工具"按钮 ✎，绘制一条如图 5-3-14 所示的曲线。

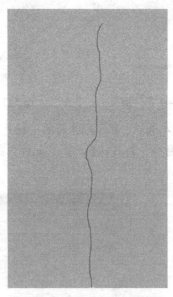

图 5-3-14　引导线效果图 1

⑪ 选中"引导线"图层并右击，选择"引导层"命令，将该图层属性设置为"引导层"，将"引导线"图层转换为普通引导层。选中"泡 1"图层，按住鼠标左键拖动该图层至"引导线"图层下方，松开鼠标，将"泡 1"图层设置为被引导层。同样的方法将"泡 2""泡 3"图层设置为被引导层，此时"引导线"图层有 3 个被引导层，图层效果如图 5-3-15 所示。

图 5-3-15 图层效果图 2

⑫ 单击"泡 1"图层第 1 帧，选中舞台中泡泡图元件使泡泡的中心点吸附在引导线的起点，如图 5-3-16 所示，单击"泡 1"图层第 90 帧，选中舞台中泡泡图元件使泡泡元件的中心点吸附在引导线的终点，如图 5-3-17 所示。同样的方法移动"泡 2""泡 3"图层中的泡泡元件的位置。

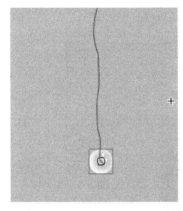

图 5-3-16 吸附在起点 1

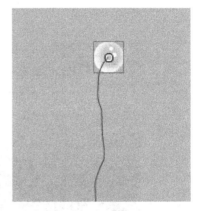

图 5-3-17 吸附在终点 1

⑬ 选中"泡 1"图层的第 90 帧中的泡泡，在属性面板中设置色彩效果样式为"Alpha"，值为 0，设置如图 5-3-18 所示。同样的方法设置"泡 2""泡 3"图层的第 90 帧中的泡泡的 Alpha 值为 0%，并适当改变"泡 2""泡 3"图层中泡泡的大小。

图 5-3-18 "色彩效果"面板

（注：步骤⑤-⑬都在"水泡"影片剪辑元件编辑窗口中完成。）

2. 制作小鱼游动的效果

① 回到场景，新建一个图层，命名为"水泡上升"，在场景中放 3 个"库"面板中的"水泡"影片剪辑元件，摆在如图 5-3-19 的位置，锁定"水泡上升"图层。

② 新建一个图层，命名为"鲨鱼"，打开"库"面板，将鲨鱼元件拖入舞台适当位置，选中鲨鱼，单击"任意变形"按钮，调整鲨鱼的大小和方向，如图 5-3-20 所示。

③ 在"鲨鱼"图层的第 90 帧右击，选择"插入关键帧"命令或者按【F6】键插入一个关键帧，选中鲨鱼，将鲨鱼拖到舞台的另一边，在"鲨鱼"图层的第 1～90 帧任意一帧上右击，选择"创建传统补间"命令，创建动作补间动画，帧效果如图 5-3-21 所示。

图 5-3-19　水泡元件位置

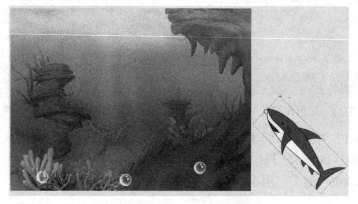

图 5-3-20　鲨鱼元件的方向位置

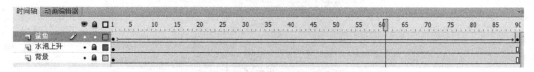

图 5-3-21　帧效果图 4

④ 新建一个图层，命名为"小鱼"，打开"库"面板，将小鱼元件拖入舞台适当位置，选中小鱼，单击"任意变形工具"按钮 ，调整小鱼的大小和方向，如图 5-3-22 所示。

⑤ 在"小鱼"图层的第 90 帧右击，选择"插入关键帧"命令或者按【F6】键插入一个关键帧，选中小鱼，将小鱼拖到舞台的另一边，在"小鱼"图层的第 1～90 帧任意一帧上右击，选择"创建传统补间"命令，创建动作补间动画，帧效果如图 5-3-23 所示。

3．鱼群按轨迹游

① 选中"鲨鱼"图层并右击，选择"添加传统运动引导层"命令，在"鲨鱼"图层上面添加一个引导层，图层效果如图 5-3-24 所示。

图 5-3-22 小鱼元件的方向位置

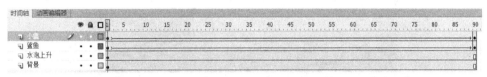

图 5-3-23 帧效果图 5

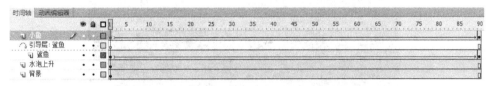

图 5-3-24 图层效果图 3

② 选中刚添加的引导层,利用工具箱中的"线条工具" \ 和"选择工具" ▶ 绘制如图 5-3-25 所示的引导线。

图 5-3-25 引导线效果图 2

③ 单击"鲨鱼"图层第 1 帧,选中舞台中鲨鱼元件使鲨鱼元件的中心点吸附在引导线的起点,如图 5-3-26 所示。单击"鲨鱼"图层第 90 帧,选中舞台中鲨鱼元件使鲨鱼元件的中心点吸附在引导线的终点,如图 5-3-27 所示。

图 5-3-26　吸附在起点 2

图 5-3-27　吸附在终点 2

④ 选中"小鱼"图层并右击，选择"添加传统运动引导层"命令，在"小鱼"图层上面添加一个引导层，图层效果如图 5-3-28 所示。

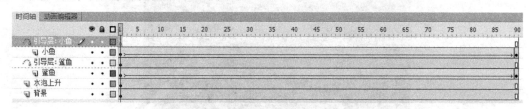

图 5-3-28　图层效果图 4

⑤ 选中刚添加的引导层，利用工具箱中的"线条工具" \ 和"选择工具" ▶ 绘制如图 5-3-29 所示的引导线。

⑥ 单击"小鱼"图层第 1 帧，选中舞台中小鱼元件使小鱼元件的中心点吸附在引导线的起点，如图 5-3-30 所示。单击"小鱼"图层第 90 帧，选中舞台中小鱼元件使小鱼元件的中心点吸附在引导线的终点，如图 5-3-31 所示。

图 5-3-29　引导线效果 3

图 5-3-30　吸附在起点 3

图 5-3-31　吸附在终点 3

4．保存文件，测试动画

① 选择菜单栏上的"文件"→"保存"命令，选择保存位置，将做好的动画文件存盘。

② 按【Ctrl+Enter】组合键测试动画。

相关知识

多层引导动画的概念

多层引导动画，就是利用一个引导层同时引导多个被引导层中的对象。一般情况下，创建引导层后，引导层只与其下的一个图层建立链接关系。如果要使引导层能够引导多个图层，可以将图层拖移到引导层下方，或通过更改图层属性的方法添加需要被引导的图层。为一个引导层成功创建多个被引导层后，多层引导动画即创建完成。如图 5-3-32 所示，图层 4 为引导层，图层 1、2、3 均为被引导层。

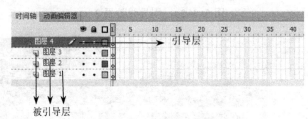

图 5-3-32　图层效果图 5

引导层的创建我们可以根据前面任务中提到的方法，还可以利用在某个图层上右击，选择"添加传统运动引导层"命令来创建的方法。

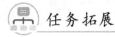任务拓展

试一试，能否制作一个花瓣飘落的动画效果。

任务四　放大镜效果

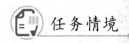任务情境

看到一张朦胧的图片的时候，你是否很想看看这张图片到底是什么样的呢？很想更清晰的看到每个细节呢？利用放大镜我们就可以看清楚模糊图片了。那让我们一起来做一个放大镜效果的动画吧。

任务分析

放大镜效果如图 5-4-1 所示。

【设计思路】

（1）导入素材，布置场景。

（2）制作遮罩效果。

（3）制作放大镜移动效果。

 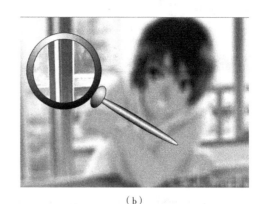

（a） （b）

图 5-4-1 效果图

任务实施

1. 新建文档，布置场景

① 打开"素材模板.fla"文件，单击"属性"面板中的"编辑"按钮 ，设置舞台属性，其中，尺寸为 400 像素×400 像素，其余采用默认值，如图 5-4-2 所示。

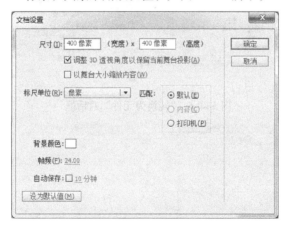

图 5-4-2 "文档设置"对话框

② 此时库文件里有两个文件，如图 5-4-3 所示，选中"人物"素材图片，拖入舞台中，调整"属性"面板中的位置和大小，宽高为"400 像素×400 像素"，"X"和"Y"值为"0.00"，属性设置如图 5-4-4 所示。

③ 将图层 1 重命名为"模糊图"，并在第 60 帧插入普通帧，效果如图 5-4-5 所示。

④ 在场景中右击图片，选择"转换为元件"命令，将素材图片转换为影片剪辑元件，并重命名为"图片元件"，此时库中增加了一个图片影片剪辑元件，如图 5-4-6 所示。

⑤ 选中场景中的"图片元件"，单击"属性"面板中的"添加滤镜"按钮，选择"模糊"选项，设置模糊 X 和 Y 的值均为"15.00"，属性设置如图 5-4-7 所示，设置的效果如图 5-4-8 所示。

图 5-4-3　"库"面板

图 5-4-4　背景图像属性

图 5-4-5　帧效果图 1

（a）　　　　　　　　　　　　　　（b）

图 5-4-6　"转换为元件"对话框

添加滤镜按钮

（a）

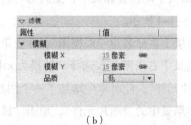

（b）

图 5-4-7　模糊滤镜设置

图 5-4-8　模糊滤镜效果

⑥ 新建图层并重命名为"清晰图"，将库中的"图片元件"拖至场景，图层效果如图 5-4-9 所示。在属性面板中设置"X"和"Y"的值为"0.00"，属性设置如图 5-4-10 所示。

图 5-4-9　图层效果图 1

图 5-4-10　属性设置

2．制作遮罩效果

① 新建图层并重命名为"遮罩"，图层效果如图 5-4-11 所示。

图 5-4-11　图层效果图 2

② 单击工具箱中"椭圆工具"按钮 ，设置笔触颜色为无，填充色"#FF0000"，绘制一个椭圆，并设置椭圆宽高分别为"147.75 像素"和"147.70 像素"，如图 5-4-12 所示。

（a）

（b）

图 5-4-12　绘制椭圆属性

③ 在椭圆上右击，选择"转换为元件"命令，将椭圆转换为图形元件，命名为"镜片"，此时库中增加了一个图形元件镜片，共 4 个文件，如图 5-4-13 所示。

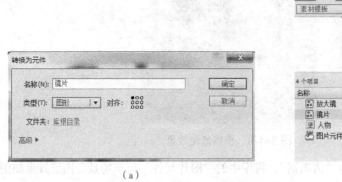

（a）　　　　　　　　　　　　　　　　（b）

图 5-4-13　"转换为元件"对话框

④ 在遮罩层的第 1～60 帧之间的任意帧上右击，选择"创建补间动画"命令，创建补间动画，帧效果图如图 5-4-14 所示。

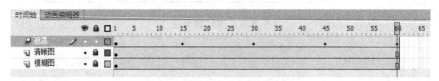

图 5-4-14　帧效果图 2

⑤ 单击"遮罩"层的第 1 帧，移动场景中"镜片"元件到如下图所示的位置，分别单击"遮罩"层的第 15、30、45、60 帧，移动对应帧中的"镜片"元件到如图 5-4-15 所示的位置。

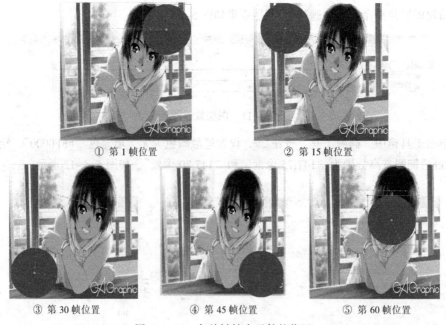

① 第 1 帧位置　　　　　　② 第 15 帧位置

③ 第 30 帧位置　　　　④ 第 45 帧位置　　　　⑤ 第 60 帧位置

图 5-4-15　各关键帧中元件的位置

⑥ 在"遮罩"图层上右击，在弹出的快捷菜单中选择"遮罩层"命令，将其转换为遮罩层，底下的"清晰图"图层自动转换为被遮罩层，此时只能通过"遮罩"图层中的镜片元件看"清晰图"图层中的内容了，图层效果如图 5-4-16 所示。

图 5-4-16　创建遮罩层

3．制作放大镜移动效果

① 新建图层并重命名为"放大镜"，将库中的放大镜素材拖至场景中，并移至正好与"镜片"元件融合，如图 5-4-17 所示。

图 5-4-17　导入放大镜效果

② 在"放大镜"图层的第 1～60 帧之间的任意帧上右击，选择"创建补间动画"命令，分别单击"放大镜"图层的第 1、15、30、45、60 帧对应的移动场景中"放大镜"元件的位置，使其与遮罩层中的"镜片"元件恰好融合，如图 5-4-18 所示。

4．保存文件，测试动画

① 选择菜单栏上的"文件"→"保存"命令，选择保存位置，将做好的文件存盘。

② 按【Ctrl+Enter】组合键测试动画。

图 5-4-18　放大镜移动效果

 相关知识

1. 遮罩层的创建

在图层上右击，在弹出的快捷菜单中选择"遮罩层"命令，该图层变为遮罩层，下面一个或多个图层变为被遮罩层。图层效果如下图，其中"图层 2"是遮罩层，"图层 1"是被遮罩层，如图 5-4-19 所示。

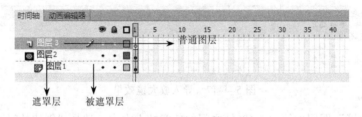

图 5-4-19　图层效果图 3

2. 遮罩动画的原理

能够透过遮罩层中的对象看到"被遮罩层"中的对象及其属性（包括它们的变形效果），但是遮罩层中对象的许多属性如渐变色、透明度、颜色和线条样式等却是被忽略的，例如，我们不能通过遮罩层的渐变色来实现被遮罩层的渐变色变化。又如在被遮罩层"图层 1"上放置一幅背景图，在遮罩层"图层 2"上绘制一个红色的五角星形，此时由遮罩动画的原理我们只能看到被遮罩层中与五角星形重叠的区域，其他地方看不到，如图 5-4-20 所示。

图 5-4-20　舞台效果图

要在场景中显示遮罩效果，可以锁定遮罩层和被遮罩层，被遮罩层可以是多个，如图 5-4-21 中图层 4 是遮罩层，图层 1、图层 2 和图层 3 都是被遮罩层。

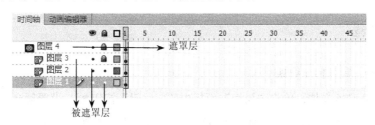

图 5-4-21　图层效果图 4

　任务拓展

试一试，能否制作一个风吹文本的效果。

任务五　佛　光　效　果

　任务情境

前面我们学习了利用逐帧动画制作霓虹灯效果，生活中有些电影片段的开头和佛像背后往往看到金光闪闪的效果。今天我们可以尝试制作在佛像上实现佛光向外散射、佛光闪闪的效果。

　任务分析

佛光效果如图 5-5-1 所示。

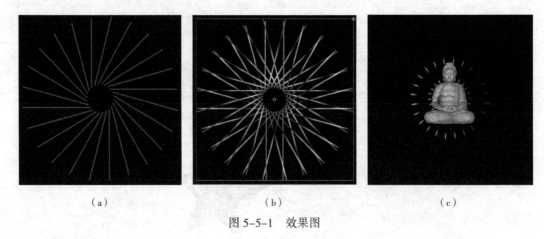

（a）　　　　　　　　　　（b）　　　　　　　　　　（c）

图 5-5-1　效果图

【设计思路】

（1）绘制佛光线条。

（2）实现佛光散射效果。

（3）制作佛光整体效果。

任务实施

1. 新建文档，制作佛光线条

① 新建 Flash CS6 文件，单击"属性"面板中的"编辑"按钮 ，设置舞台属性，其中，尺寸为 400 像素×400 像素，背景颜色为"#000000"，其余采用默认值，如图 5-5-2 所示。

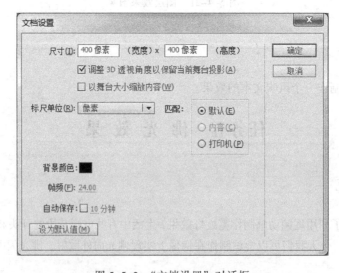

图 5-5-2　"文档设置"对话框

② 单击工具箱中的"线条工具"按钮 ，设置笔触颜色为"#FF0000"，笔触高度为"3.00"，样式为实线，在舞台上绘制一条直线，属性设置如图 5-5-3 所示。

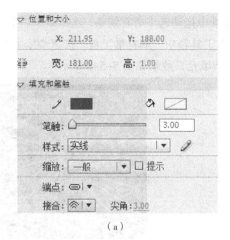
（a）

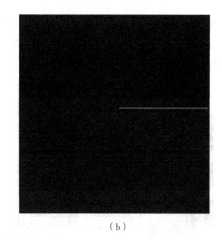
（b）

图 5-5-3　线条工具属性设置

③ 选中所绘线条，单击工具箱中的"任意变形工具"按钮 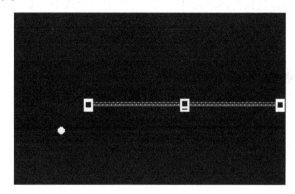，将线条的中心点移至线条左下侧，如图 5-5-4 所示。

图 5-5-4　线条中心点设置

④ 选择菜单栏上的"窗口"→"变形"命令，或使用快捷键【Ctrl+T】，打开"变形"面板，设置旋转值为"15.0"，如图 5-5-5 所示，单击"重置选区和变形"按钮数次，直至线条组合成一个圆形，如图 5-5-6 所示。

图 5-5-5　变形设置

图 5-5-6　变形后的线条形状

⑤ 单击工具箱中的"选择工具"按钮 ，在场景中拖动选中所有线条，选择菜单栏上的"修改"→"形状"→"将线条转换为填充"命令，单击工具箱中"颜料桶工具"按钮 ，设置填充颜色为如图 5-5-7 所示的渐变色，在场景中单击线条填充，效果如图 5-5-8 所示。

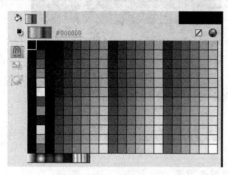

图 5-5-7　线条颜色

图 5-5-8　填充效果

⑥ 单击工具箱中的"选择工具"按钮 ，在场景中拖动选中所有线条并右击，选择"转换为元件"命令，将所有线条转换为图形元件，此时库中有一个线条图形元件，如图 5-5-9 所示。

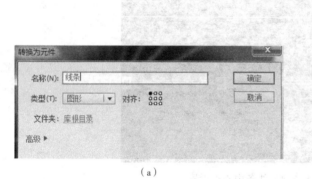

（a）

（b）

图 5-5-9　"转换为元件"对话框

⑦ 将图层 1 重命名为"佛光"，在第 40 帧插入普通帧，如图 5-5-10 所示。

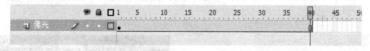

图 5-5-10　帧效果图 1

2．制作佛光散射效果

① 新建一个图层，重命名为"遮罩"，复制"佛光"图层中的线条元件，单击"遮罩"层第 1 帧，在场景中右击，选择"粘贴到当前位置"命令或按快捷键【Ctrl+Shift+V】将线条元件粘贴到当前位置，如图 5-5-11 所示。

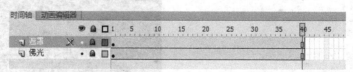

图 5-5-11　图层效果图 1

② 选中"遮罩"层第 1 帧，选择菜单栏上的"修改"→"变形"→"水平翻转"命令，效果如图 5-5-12 所示。

图 5-5-12 翻转后效果

③ 在"遮罩"层的第 1～40 帧之间任意位置上右击，选择"创建补间动画"命令，创建动作补间动画，如图 5-5-13 所示。

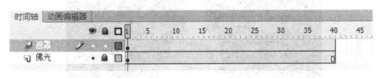

图 5-5-13 帧效果图 2

④ 单击"遮罩"层第 40 帧，单击工具箱中的"任意变形工具"按钮 ，将元件顺时针旋转 90°，如图 5-5-14 所示。

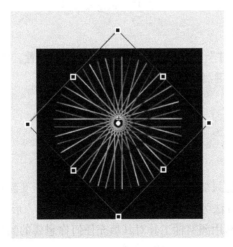

图 5-5-14 旋转后效果

⑤ 在"遮罩"图层上右击，在弹出的快捷菜单中选择"遮罩层"命令，将其转换为遮罩层，"佛光"图层自动成为被遮罩层，图层效果如图 5-5-15 所示。

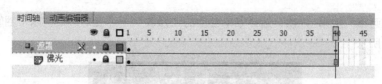

图 5-5-15　图层效果图 2

3．添加佛像

① 新建一个图层，重命名为"佛像"，图层效果如图 5-5-16 所示。

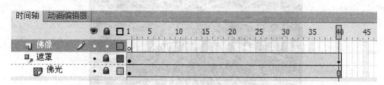

图 5-5-16　图层效果图 3

② 选中"佛像"图层的第 1 帧，选择菜单栏上的"文件"→"导入"→"导入到舞台"命令，将教学资源中的"佛光.jpg"文件打开，设置其尺寸为"75 像素×95 像素"，移动佛光中心位置，效果如图 5-5-17 所示。

图 5-5-17　最终效果图

4．保存文件，测试动画

① 选择菜单栏上的"文件"→"保存"命令，选择保存位置，将做好的文件存盘。

② 按【Ctrl+Enter】组合键测试动画。

 相关知识

1．线条填充效果

通常情况下，线条的颜色只能是单一的纯色，如果要填充渐变颜色或者填充图片，我们需要将线条转变为填充，其操作方法为：选择菜单栏上的"修改"→"形状"→"将线条转换为填充"命令。转变为填充后就可以利用颜料桶工具对其填充任何你想要的颜色了。

2．面板

在 Flash CS6 中有很多种的面板，在每个面板中都有负责不同功能的一些工具以及属性设置栏，例如，要对某一对象进行旋转并复制，我们需要调出如图 5-5-18 所示"变形"面板，其操作方法为：选择菜单栏上的"窗口"→"变形"命令。

图 5-5-18 "变形"面板

 任务拓展

试一试，能否制作一个万花筒效果的动画。

任务六 美丽的瀑布

 任务情境

我们在看到瀑布的时候，会情不自禁地用相机拍下瀑布美丽的瞬间，然而照片上看到的只是瀑布的静态美，如果我们想欣赏瀑布的动态效果，怎么来实现呢？学习了遮罩动画以后，我们就可以利用遮罩动画和引导层动画将一张静止的瀑布图片，制作出美丽的动态瀑布效果。

 任务分析

瀑布效果如图 5-6-1 所示。

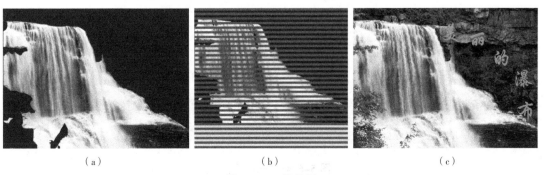

（a）　　　　　　　　　（b）　　　　　　　　　（c）

图 5-6-1 效果图

【设计思路】

（1）练习使用套索工具完成瀑布的抠图。

（2）利用多个遮罩图层制作瀑布效果。

（3）利用引导层动画制作引导文字的运动。

任务实施

1. 新建文档，准备瀑布素材

① 新建 Flash CS6 文件，单击"属性"面板中的"编辑"按钮，设置舞台背景颜色为"#0000FF"，其余采用默认值，如图 5-6-2 所示。

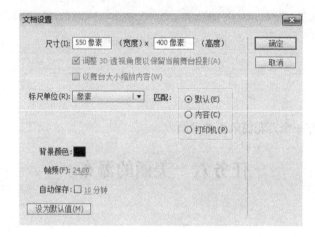

图 5-6-2　"文档设置"对话框

② 单击图层 1 的第 1 帧，选择菜单栏上的"文件"→"导入"→"导入到舞台"命令，将教学资源中的"瀑布"文件打开，调整"属性"面板中的位置和大小，"宽高"为"550 像素 × 400 像素"，"X"和"Y"值为"0.00"，属性设置如图 5-6-3 所示。

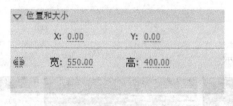

图 5-6-3　图片属性设置

③ 将图层 1 重命名为"瀑布"，在第 80 帧插入普通帧，如图 5-6-4 所示。

图 5-6-4　帧效果图 1

④ 新建一个图层 2,命名为"水波",选中"瀑布"图层并右击,选择"复制"命令,复制"瀑布"图层中的瀑布图片,锁定"瀑布"图层,单击"遮罩"层第 1 帧,在场景中右击,选择"粘贴到当前位置"命令或按快捷键【Ctrl+Shift+V】将瀑布粘贴到当前位置,如图 5-6-5 所示。

图 5-6-5 帧效果图 2

⑤ 解锁"瀑布"图层,单击工具箱中的"选择工具"按钮 ⬚,选择"瀑布"图层中的瀑布图片并右击,选择"转换为元件"命令,将瀑布图片转换为图形元件,命名为"瀑布元件",此时库中有两个文件,如图 5-6-6 所示。

(a)

(b)

图 5-6-6 "转换为元件"对话框

⑥ 单击"水波"图层的第 1 帧,用键盘上的方向键把图片向右移动 1 pt,按快捷键【Ctrl+B】将图片打散,如图 5-6-7 所示。

图 5-6-7 打散后效果

⑦ 单击工具箱中的"套索工具"按钮 ⬚,在"选项"里单击多边形模式 ⬚,选中水以外的部分,按【Delete】键删除,可多次操作,直至只剩下水的部分,效果如图 5-6-8 所示。

图 5-6-8　删除后效果图

⑧ 将水部分转换为图形元件，并命名为"水波元件"，此时库面板中有 3 个文件，如图 5-6-9 所示。

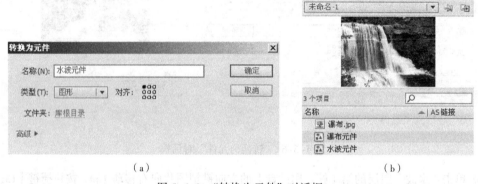

（a）　　　　　　　　　　　　　（b）

图 5-6-9　"转换为元件"对话框

⑨ 在第 80 帧插入普通帧，锁定"水波"图层，如图 5-6-10 所示。

图 5-6-10　帧效果图 3

2．制作瀑布流动效果

① 新建一个图层，重命名为"遮罩"，图层效果如图 5-6-11 所示。

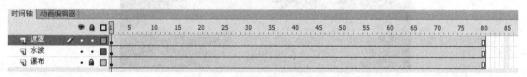

图 5-6-11　图层效果图 1

② 选用矩形工具在舞台上画一个 550 像素×8 像素的无边线的长方形，"X"和"Y"值为 "0.00"，属性设置如图 5-6-12 所示。

③ 复制 N 个矩形条，将其排列成图 5-6-13 的效果，各矩形条之间的行距为 8 像素，可通过 X 和 Y 坐标来确定复制后的矩形条的位置。

图 5-6-12 "矩形工具"属性设置

图 5-6-13 排列后效果

④ 所有矩形为画面的 1.2 倍左右的时候，把舞台调整为 50%，用"选择工具"选中所有的矩形条，将其转换为图形元件，并命名为"矩形条"，此时"库"面板中有 4 个文件，如图 5-6-14 所示。

（a）

（b）

图 5-6-14 "转换为元件"对话框

⑤ 单击"遮罩"图层的第 1 帧，单击"对齐"面板中的"底对齐"按钮，使"矩形条"元件底对齐，如图 5-6-15 所示。

图 5-6-15 第 1 帧中元件位置

⑥ 在"遮罩"层的第 1～80 帧之间任意帧上右击，选择"创建补间动画"命令，创建动作补间动画，如图 5-6-16 所示。

图 5-6-16　帧效果图 4

⑦ 单击"遮罩"图层的第 80 帧，单击"对齐"面板中的"顶对齐"按钮，使"矩形条"元件顶对齐，如图 5-6-17 所示。

图 5-6-17　第 80 帧中元件位置

⑧ 在"遮罩"图层上右击，在弹出的快捷菜单中选择"遮罩层"命令，将其转换为遮罩层，"水波"图层自动转换为被遮罩层，图层效果如图 5-6-18 所示。

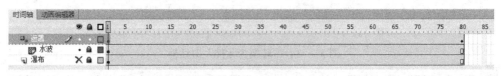

图 5-6-18　图层效果图 2

3. 制作文字效果

① 在遮罩图层上新建 5 个图层，分别重命名为"美""丽""的""瀑""布"，图层效果如图 5-6-19 所示。

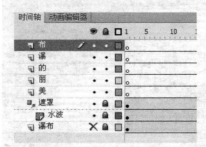

图 5-6-19　图层效果图 3

② 单击工具箱中的"文本工具"按钮 **T**，在"属性"面板中设置字体为"华文行楷"，大小为"60点"，字体颜色为"#00FF00"，其他采用默认设置，如图 5-6-20 所示。在"美"图层输入"美"字，"丽"图层输入"丽"字，"的"图层输入"的"字，"瀑"图层输入"瀑"字，"布"图层输入"布"字，各图层文字的位置如图 5-6-21 所示。

图 5-6-20 文本工具属性设置

（a）

（b）

图 5-6-21 各图层文字位置

③ 分别在"美""丽""的""瀑""布"5 个图层的第 50 帧插入关键帧，在 5 个图层第 1～50 帧任意一帧上右击，选择"创建传统补间"命令，帧效果如图 5-6-22 所示。

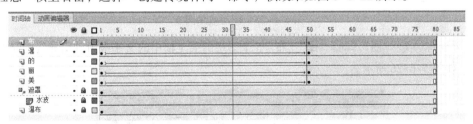

图 5-6-22 帧效果图 4

④ 在"布"图层上新建一个图层，并重命名为"引导线"，选中"引导线"图层并右击，选择"引导层"命令，将该图层属性设置为"引导层"，将"引导线"图层转换为普通引导层，如图 5-6-23 所示。

图 5-6-23 图层效果图 4

⑤ 单击工具箱中的"线条工具"按钮 ＼，在引导线图层绘制一线条，并利用"选择工具"调整成如图 5-6-24 所示的引导线。

图 5-6-24　引导线效果

⑥ 选中"美"图层，按住鼠标左键拖动该图层至"引导线"图层下方，松开鼠标，将"美"图层设置为被引导层，依照此方法将"丽""的""瀑""布"4 个图层拖至"引导线"图层下方，将其转换为被引导层，图层效果如图 5-6-25 所示。

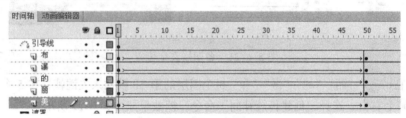

图 5-6-25　图层效果图 5

⑦ 分别将"美""丽""的""瀑""布"5 个图层的第 1 帧中的文字吸附到引导线的起点（底部）上，如图 5-6-26 所示。

图 5-6-26　各图层元件起点位置

⑧ 选中"美"图层的第1帧中的文字，在"属性"面板中设置色彩效果样式为"Alpha"，值为"0"，如图5-6-27所示。同样的方法设置"丽""的""瀑""布"这4个图层中第1帧中文字"Alpha"值为"0"。

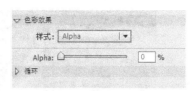

图5-6-27 "色彩效果"属性设置

⑨ 分别将"美""丽""的""瀑""布"5个图层的第50帧中的文字吸附到引导线上，各个文字的位置如图5-6-28所示。

图5-6-28 各图层元件终点位置

⑩ 整个动画制作完成后的时间轴效果如图5-6-29所示，一共包含9个图层。

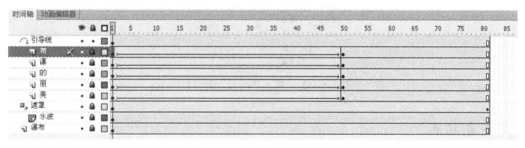

图5-6-29 时间轴效果图

4. 保存文件，测试动画

① 选择菜单栏上的"文件"→"保存"命令，选择保存位置，将做好的文件存盘。

② 按【Ctrl+Enter】组合键测试动画。

 相关知识

"套索工具"的使用

"套索工具"是一种选取工具，使用的时候不是很多，主要用在处理位图。选择"套索工具"

后，会在选项中出现"魔术棒"及其选项和"多边形模式"，如图 5-6-30 所示。

在场景里随意画一图形，选择"套索工具"选项，在"选项"里单击"多边形模式"按钮 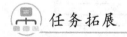，按照需要单击，当得到需要的选择区域时，双击自动封闭图形，如图 5-6-31 所示。

图 5-6-30 "套索工具"选项　　　　　　　　图 5-6-31　舞台效果图

"魔术棒工具" ✎ 用于对位图处理。如果我们要选取位图中同一色彩，可以先设置魔术棒属性。单击"魔术棒属性"按钮 ✎ ，在弹出的"魔术棒设置"对话框中设置以下选项：对于"阈值"，输入一个介于 1 和 200 之间的值，用于定义将相邻像素包含在所选区域内必须达到的颜色接近程度。数值越高，包含的颜色范围越广。如果输入 0，则只选择与单击的第一个像素的颜色完全相同的像素。对于"平滑"，从弹出菜单中选择一个选项，用于定义所选区域的边缘的平滑程度，如图 5-6-32 所示。

图 5-6-32　"魔术棒设置"对话框

任务拓展

试一试，能否制作一个河水流动效果的动画。

项 目 六

ActionScript 基础与基本语句

【项目引言】

ActionScript 是 Flash 专用的一种脚本语言，使用它可以控制动画的播放和停止、操纵动画的音效、指定鼠标的动作、制作出色的游戏和创建交互的网页等，极大地丰富了 Flash 动画的形式。它已成为 Flash 必不可少的组成部分，是 Flash 强大交互功能的核心。

【职业能力目标】

1. 了解 AS 2.0 的基本语法。

2. 掌握 AS 2.0 的常用函数与格式要求。

3. 能够熟练应用 AS 2.0 制作简单的动作——帧动画。

4. 掌握 AS 2.0 的常用函数与格式要求；能够熟练应用 AS 2.0 制作简单的动作——按钮交互式动画。

5. 掌握 AS 2.0 的常用函数与格式要求。

6. 能够熟练应用 AS 2.0 制作简单的动作——影片剪辑动画。

任务一　自　动　翻　书

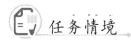

任务情境

同学小魏喜欢看电子书，最近迷上了那种仿书籍可翻页的播放效果。现在就让我们一起来制作一本会自动翻页的书吧。

任务分析

自动翻页效果如图 6-1-1 所示。

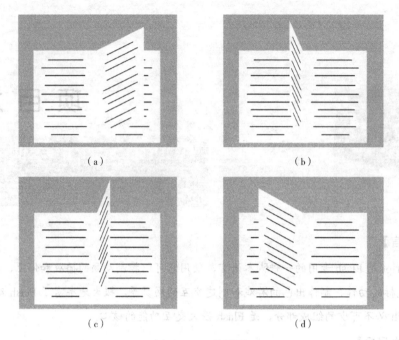

（a） （b）

（c） （d）

图 6-1-1　效果图

【设计思路】

（1）制作图片元件书籍页面。

（2）制作书籍翻页动画。

（3）给帧添加 ActionScript 语句实现内页始终自动翻动效果。

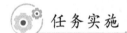 **任务实施**

1. 制作图形元件封面

① 新建一个 ActionScript 2.0 文档，修改舞台尺寸为 500 像素 × 400 像素，背景颜色为"#CC9900"，其余采用默认值，如图 6-1-2 所示。

图 6-1-2　舞台设置

② 在"时间轴"面板上修改"图层 1"的名称为"封面"。

③ 单击工具箱中的"矩形工具"按钮，设置其"笔触颜色"为无 ，"填充颜色"为"#FF0000"，在舞台中绘制一个长方形。

④ 单击工具箱中的"选择工具"按钮，选中刚绘制的长方形。在"属性"面板中设置其宽为"200.00"像素，高为"280.00"像素，并调整其到合适的位置，如图 6-1-3 所示。

（a）

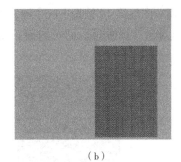
（b）

图 6-1-3　矩形设置

⑤ 保持长方形在选中状态，按快捷键【F8】，在弹出的"转换为元件"对话框中设置："名称"为"封面"，"类型"为"图形"，单击"确定"按钮，如图 6-1-4 所示。

图 6-1-4　"转换为元件"对话框

⑥ 双击舞台中的红色长方形，进入"封面"图形元件编辑界面。

⑦ 在"时间轴"面板上，单击左下角的"新建图层"按钮 ，增加一个新图层。

⑧ 单击工具箱中的"文本"工具，在"属性"面板中设置其字符"系列"为"Stencil Std"，"大小"为"25.0"点，"文本颜色"为"#0000FF"，如图 6-1-5 所示。输入文字"FLASH CS6"。

⑨ 选中刚输入的文字，展开"属性"面板中的"滤镜"选项，单击左下角的"添加滤镜"按钮 ，为其添加一个"投影"滤镜，并修改"距离"为"3"像素，如图 6-1-6 所示。

图 6-1-5　文本属性设置

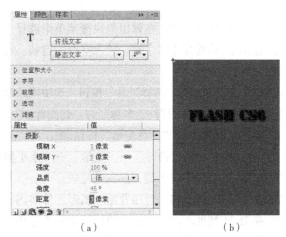
（a）　　　　　　（b）

图 6-1-6　文本滤镜

⑩ 单击左上角的"场景 1"按钮，返回主场景。

2．制作封面翻页动画

① 在"封面"图层第 10 帧按【F6】键，插入关键帧。单击工具箱中的"任意变形"按钮，并选择"紧贴至对象"按钮，将"封面"图形元件实例的中心点移至左侧中心，如图 6-1-7 所示。

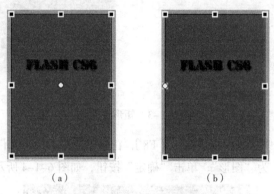

（a） （b）

图 6-1-7 移动对象中心点

② 在第 20 帧处按【F6】键，插入关键帧，将其水平压缩并垂直倾斜，如图 6-1-8 所示。

图 6-1-8 对象变形–垂直倾斜

③ 在第 10 帧处右击，在弹出的快捷菜单中选择"创建传统补间"命令。

④ 在第 21 帧处按【F7】键，插入空白关键帧。在与第 1 帧对象相同位置的地方绘制一个大小相同的白色长方形。

⑤ 单击工具箱中的"选择工具"按钮，选中刚绘制的白色长方形，按快捷键【F8】，在弹出的"转换为元件"对话框中设置："名称"为"封面背面"，"类型"为"图形"，单击"确定"按钮。

⑥ 单击工具箱中的"任意变形"按钮，将"封面背面"图形元件实例的中心点移至左侧中心。选择菜单栏中的"修改"→"变形"→"水平翻转"命令。

⑦ 在第 30 帧按【F6】键，插入关键帧。

⑧ 单击第 21 帧，将"封面背面"图形元件实例水平压缩并垂直倾斜，如图 6-1-9 所示。

⑨ 在第 21 帧处右击，在弹出的快捷菜单中选择"创建传统补间"命令。

⑩ 在第 70 帧处按【F5】键，插入普通帧。

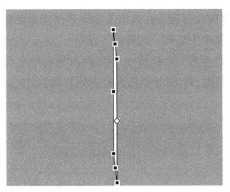

图 6-1-9 对象变形–垂直倾斜

3．制作图形元件内页

① 在"时间轴"面板上，单击左下角的"新建图层"按钮，增加一个图层，并改名为"底页"。

② 在"底页"图层第 10 帧按【F7】键，插入空白关键帧。

③ 选中"封面"图层第 30 帧实例对象，按快捷键【Ctrl+C】，复制该对象，然后单击"底页"图层第 10 帧，按快捷键【Ctrl+Shift+V】，粘贴到当前位置，再选择菜单栏中的"修改"→"变形"→"水平翻转"命令。

④ 按快捷键【Ctrl+B】，将其分离。再按下快捷键【F8】，在弹出的"转换为元件"对话框中设置："名称"为"内页"，"类型"为"图形"，单击"确定"按钮。

⑤ 双击该实例对象，进入"内页"图形元件编辑界面。

⑥ 在"时间轴"面板上，单击左下角的"新建图层"按钮，增加一个图层。

⑦ 单击工具箱中的"线条工具"按钮，在"属性"面板中设置线条颜色为"#000000"，笔触大小为"3.00"。按住【Shift】键绘制几条长短不一的水平线，如图 6-1-10 所示。

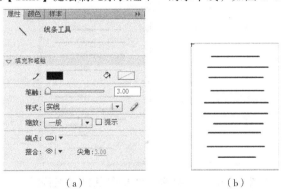

（a）　　　　　　　　　　　（b）

图 6-1-10 绘制水平线

⑧ 单击左上角的"场景 1"按钮，返回场景。

⑨ 将"底页"图层调整到"封面"图层下。

4．制作第二页翻页动画

① 在"封面"图层上新建一个图层，改名为"第二页"，并在该层第 30 帧处按【F7】键，插入空白关键帧。

② 在"底页"图层第 10 帧处右击，在弹出菜单中选择"复制帧"命令，然后在"第二页"图层第 30 帧处右击，在弹出菜单中选择"粘贴帧"命令。

③ 单击工具箱中的"任意变形"按钮，将实例对象的中心点移至左侧中心。

④ 在"第二页"图层第 40、41 帧分别插入关键帧。在第 40 帧将实例对象水平压缩并垂直倾斜，如图 6-1-11 所示。

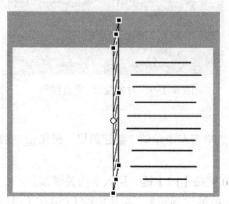

图 6-1-11　第 40 帧对象水平压缩并垂直倾斜

⑤ 在第 30 帧处右击，在弹出的快捷菜单中选择"创建传统补间"命令。

⑥ 选中第 41 帧，选择菜单栏中的"修改"→"变形"→"水平翻转"命令。在第 50 帧处按【F6】键，插入关键帧。

⑦ 在第 41 帧将实例对象水平压缩并垂直倾斜，如图 6-1-12 所示。

⑧ 在第 41 帧处右击，在弹出的快捷菜单中选择"创建传统补间"命令。

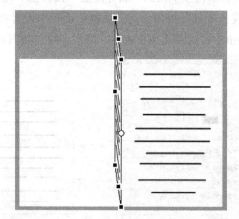

图 6-1-12　第 41 帧对象水平压缩并垂直倾斜

5. 制作内页翻页动画

① 在"第二页"图层上新建一个图层，改名为"内页"，并在该层第 50 帧处按【F7】键，插入空白关键帧。

② 选中"第二页"图层第 30～50 帧并右击，在弹出的菜单中选择"复制帧"命令，再选中"内页"图层第 50～70 帧并右击，在弹出的菜单中选择"粘贴帧"命令。

③ 按【Ctrl+Enter】组合键测试动画。

6. 给关键帧添加动作脚本

① 单击"内页"图层第70帧，按【F9】键打开"动作"面板。切换至"脚本助手"模式。

② 在左侧"动作工具箱"中依次单击"全局函数" → "时间轴控制"，再双击"goto"，然后在右侧上部将"帧"数改为"50"，其余采用默认设置，如图6-1-13所示，目的是让动画播放到70帧后跳转到第50帧开始播放，而不是又从头播放。

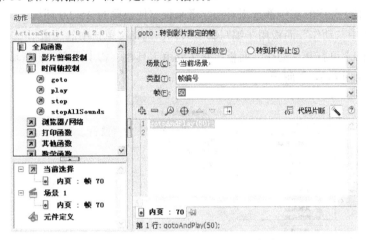

图6-1-13　goto命令

③ 设置完毕，"时间轴"面板如图6-1-14所示。

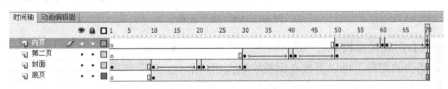

图6-1-14　加"动作"后的时间轴

7. 保存文件，测试动画

① 按快捷键【Ctrl+S】，保存文件。

② 按快捷键【Ctrl+Enter】测试动画。

【注意事项】

① 本例主要讲的是给关键帧（包括空白关键帧）添加动作脚本。关键帧动作脚本一般用于设置影片自动执行的一些操作，如停止、停止声音、初始化、满足条件后自动跳转等。

② 给关键帧添加动作脚本后，在时间轴上该帧位置会显示一个小写的"a"。

 相关知识

ActionScript是Adobe公司特别为Flash设计的动作脚本语言，选用的是面向对象的编程语言，通俗易懂。它提供了自定义函数和丰富的数学函数，涵盖了对颜色、声音、XML等对象的支持，通过执行相应的语句可以制作高品质的动画效果以及动态网页。

ActionScript（AS）有3个发展阶段：Flash 3——AS 1.0，Flash MX 2004——AS 2.0，Flash CS3

——AS 3.0。AS 1.0 的影片和 AS 2.0 的影片可以直接通信。AS 3.0 有了一个全新的虚拟机，代码执行速度比 AS 2.0 快 10 倍，但与 AS 1.0、AS 2.0 的影片不能直接通信。

在 ActionScript 2.0 环境下，可以给关键帧、按钮或影片剪辑元件添加动作脚本。但是，在 ActionScript 3.0 环境下，不可以给按钮或影片剪辑元件添加动作脚本，只能将动作脚本添加在关键帧上，或者添加在外部类文件中。通常制作的交互式动画只需一些简单、常用的动作命令就可以实现，因此在本任务中的实例都选用对初学者来说方便快捷的 AS 2.0 环境。

在 Flash CS6 中"动作"面板用于编写脚本语言，选择菜单栏中的"窗口"→"动作"命令，或使用快捷键【F9】可打开"动作"面板。它主要由工具栏、脚本语言编辑区域、动作工具箱和对象窗口组成，如图 6-1-15 所示。

图 6-1-15　动作面板

动作面板有两种显示模式："脚本助手"模式、"专家"模式。"专家"模式主要针对熟知 ActionScript 语言的用户，可以直接在面板中输入相应语句。对于新手而言，"脚本助手"模式更方便、直观，双击动作工具箱中的函数名称，右侧即显示该函数的功能介绍、函数使用等，用户再进行简单的选择或参数填空，便能完成 ActionScript 语句的编辑。单击"脚本助手"按钮可在两个模式之间进行切换。

注意手动输入脚本语句时必须在英文输入状态下。

1. ActionScript 基本语法

① 点语法：点"."用于指向对象的相关属性或方法，也可标识影片剪辑、变量、函数或对象的目标路径。点语法表达式是以影片剪辑或对象的名称开始，中间为点运算符，最后是要指定的元素，如表达式"Mouse.hide();"表示鼠标隐藏。

② 分号：分号";"用于一条语句结束处。

③ 大括号：大括号"{}"用于把 AS 事件、类定义和函数组成语句块，来作为区分程序段落的标记。

④ 圆括号：圆括号"()"用于定义和调用函数时，放置原函数的参数和传达给函数的各个参数，若括号里为空则表示没有任何参数传达，还可用于更改动作脚本的优先级。

⑤ 关键字：AS 中保留了一些单词（即关键字）用于执行特定种类的动作，因此不能将它们作为变量、函数、标签或实例的名称。脚本语言编辑区域中的关键字会以蓝色显示。

⑥ 大小写字母：AS 语句中关键字要严格区分大小写，否则执行时无法被识别。

⑦ 注释：用于在脚本中添加说明，增强程序的易读性。添加注释的方法是在脚本中输入"//"后再输入注释内容。注释显示为灰色，其长度和语法不受限制，且不参与语句的执行。

2. ActionScript 2.0 常用语句

AS 2.0 中常用的语句主要是全局函数中的影片剪辑控制语句、时间轴控制语句和浏览器/网络控制语句等。

我们先来了解一下时间轴控制语句，其主要用于控制影片的播放。常用语句如下：

① goto：跳转到某一帧或帧标签处开始播放或停止影片，和 play 或 stop 命令配合使用。

② play：开始播放影片。

③ stop：停止播放影片。

④ stopAllSounds：停止播放所有声音。

 任务拓展

如何制作才能让书手动翻页呢？

任务二　复　　印

 任务情境

大家都见过或用过复印机，按钮一按，纸张自动复印出来，很神奇。下面就让我们一起来创造神奇！单击复印机上的"START"按钮开始复印，单击"STOP"按钮停止复印。

 任务分析

复印机效果如图 6-2-1 所示。

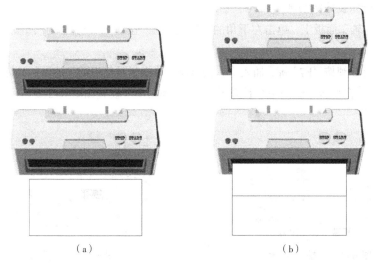

（a）　　　　　　　　　　　　　（b）

图 6-2-1　效果图

【设计思路】

（1）导入图片复印机。

（2）制作纸张从复印机里打印出来的动画。

（3）制作透明按钮，添加 ActionScript 语句实现开始复印和停止复印的效果。

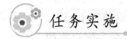 任务实施

1. 导入图片

① 新建一个 ActionScript 2.0 文档，修改舞台尺寸为 550 像素 × 490 像素，FPS 改为 "12.00"，其余采用默认值，如图 6-2-2 所示。

② 在"时间轴"面板上修改"图层 1"的名称为"复印机"。

③ 选择菜单栏中的"文件"→"导入"→"导入到舞台"命令，打开"导入"对话框，将"复印机"素材图片导入舞台中。

④ 选中舞台中的图片，在"属性"面板中修改其尺寸和位置，如图 6-2-3 所示。

图 6-2-2　舞台属性

图 6-2-3　修改舞台尺寸

⑤ 单击工具箱中的"文本工具"按钮，"属性"设置如图 6-2-4 所示，分别输入文字"STOP"和"START"，放置在"复印机"图片的两个按钮上。

⑥ 在第 63 帧按【F5】键，插入普通帧。

2. 制作第一张复印纸动画

① 在"时间轴"面板上，单击左下角的"新建图层"按钮，增加一个图层，并改名为"复印纸 1"。

② 在该层第 2 帧按"F7"键，插入空白关键帧，单击工具箱中的"矩形"工具，设置其"填充和笔触"属性，在舞台中绘制一个长方形，"位置和大小"设置如图 6-2-5 所示。

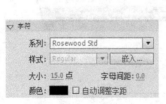

图 6-2-4　输入文字

图 6-2-5　绘制矩形

③ 选中刚绘制的长方形，按【F8】键，在弹出的"转换为元件"对话框中设置："名称"为"复印纸"，"类型"为"图形"，单击"确定"按钮。

④ 单击工具箱中的"任意变形"按钮，选中"紧贴至对象"按钮，将"复印纸"图形元件实例的中心点移至上侧中心，如图 6-2-6 所示。

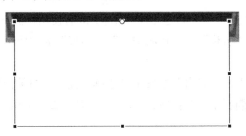

图 6-2-6　移动对象中心点

⑤ 在该层第 30 帧按【F6】键，插入关键帧。

⑥ 选中"复印纸 1"第 2 帧，将其适当向上压缩，如图 6-2-7 所示。

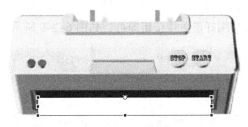

图 6-2-7　对象变形

⑦ 在第 2 帧处右击，在弹出的快捷菜单中选择"创建传统补间"命令。

⑧ 在该层第 32 帧处按【F6】键，插入关键帧，然后按下【Shift+↓】组合键将实例垂直下移至如图 6-2-8 所示位置。

图 6-2-8　对象变形移动

3. 制作第二张复印纸动画

① 在"时间轴"面板上，单击左下角的"新建图层"按钮，增加一个图层，并改名为"复印纸 2"。在该层第 33 帧处按【F7】键，插入空白关键帧。

② 选中"复印纸 1"图层的第 2~32 帧处右击，在弹出的菜单中选择"复制帧"命令，再选中"复印纸 2"图层的第 33~63 帧处右击，在弹出的菜单中选择"粘贴帧"命令。

③ 按下【Ctrl+Enter】组合键测试动画。

4．制作透明按钮

① 选择菜单栏中的"插入"→"新建元件"命令，或者使用快捷键【Ctrl+F8】，在弹出的"创建新元件"对话框中设置："名称"为"透明按钮"，"类型"为"按钮"，单击"确定"按钮，进入元件编辑窗口。

② 在"时间轴"面板上的"点击"帧按【F7】键，插入空白关键帧。

③ 单击工具箱中的"椭圆工具"按钮，"填充和笔触"属性采用默认值，在舞台中绘制一个正圆。

④ 单击左上角的"场景 1"按钮，返回场景。

⑤ 在"时间轴"面板上，单击左下角的"新建图层"按钮 ，增加一个图层，并改名为"按钮"。

⑥ 按快捷键【F11】，打开"库"面板，将"透明按钮"元件拖入舞台 2 次，分别放置在复印机的 2 个按钮上，调整大小刚好覆盖住按钮即可，如图 6-2-9 所示。

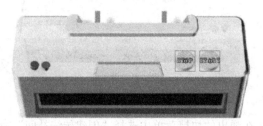

图 6-2-9　添加透明按钮

5．添加动作脚本

① 单击"复印纸 1"图层的第 1 帧，按【F9】键打开"动作"面板。

② 在左侧"动作工具箱"中依次单击"全局函数"→"时间轴控制"，再双击"stop"，如图 6-2-10 所示。

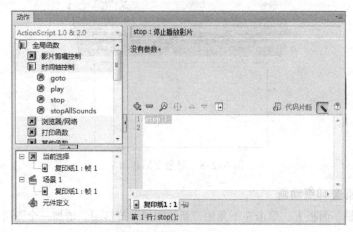

图 6-2-10　在时间轴上添加 stop 命令

③ 同理，在"复印纸1"图层的第32帧和"复印纸2"图层的第63帧添加"stop"语句。

④ 选择舞台中"STOP"按钮上的透明按钮，按【F9】键打开"动作"面板。在左侧"动作工具箱"中依次单击"全局函数"→"影片剪辑控制"，再双击"on"，接着双击"时间轴控制"中的"stop"，如图6-2-11所示，目的是在单击按钮时，暂停播放影片。

图 6-2-11　在按钮上添加 stop 命令

⑤ 选择舞台中"START"按钮上的透明按钮，按【F9】键打开"动作"面板。在左侧"动作工具箱"中依次单击"全局函数"→"影片剪辑控制"，再双击"on"，接着双击"时间轴控制"中的"play"，如图6-2-12所示，目的是在单击按钮时，继续播放影片。

图 6-2-12　在按钮上添加 play 命令

⑥ 设置完毕，"时间轴"面板如图6-2-13所示。

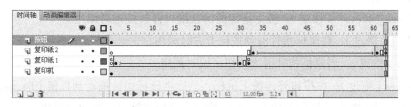

图 6-2-13　完成"动作"设置

6. 保存文件，测试动画

① 按快捷键【Ctrl+S】，保存文件。

② 按快捷键【Ctrl+Enter】测试动画。

【注意事项】

① 本例分别涉及给关键帧、按钮添加动作脚本，要理解二者相互配合的关系。

② 透明按钮制作时只需在"点击"帧绘制响应区域即可，颜色不限，被调用时以半透明蓝色显示，生成影片后将不可见。

 相关知识

1. 浏览器/网络控制语句

浏览器/网络控制语句，主要是针对 Flash 播放器及其他外部文件产生作用；可打开外部应用程序或网络链接，获取外部信息，调用外部图片等。常用语句如下：

① fscommand（命令、参数）：对 Flash 播放器进行相关命令的控制操作。

· fullscreen：控制播放器是否全屏播放。

· allowscale：控制播放器界面是否可以缩放。

· quit：关闭播放器。

· showmenu：控制播放器的右键菜单是否显示如放大/缩小、倒退、快进等命令选项。

· exec：调用.exe、.com 或.bat 格式的可执行文件。

② getURL（URL）：加载链接到指定的 URL。

③ loadMovie：播放 Flash 动画时，加载 SWF、JPEG、GIF 或 PNG 文件。

fscommand 命令包含如下：

本例主要讲解的是给按钮添加动作脚本，此类语句一般用于实现交互功能，如播放、停止等，它有着特殊的格式，所有的函数调用必须放置在"on"（事件）后面的{ }中。

2. Button 类事件处理函数

在 ActionScript 2.0 中，Button（按钮）类的事件处理函数有：

① press（按）：当鼠标指针位于按钮上方按下鼠标时调用。

② release（释放）：当鼠标指针滑到按钮上方松开鼠标时调用。

③ releaseOutside（外部释放）：当鼠标指针位于按钮上方按下按钮，然后将鼠标指针移到该按钮外部并释放鼠标时调用。

④ keyPress "<key>"（按键）：按下指定的键盘键再释放按键时调用。

⑤ rollOver（滑过）：在鼠标指针滑到按钮上方时调用。

⑥ rollOut（滑离）：当鼠标指针滑出按钮区域时调用。

⑦ dragOver（拖过）：在按钮外部按下鼠标，然后将鼠标指针拖动到按钮上时调用。

⑧ dragOut（拖离）：在按钮上按下鼠标，然后将鼠标指针滑出按钮时调用。

任务拓展

如何让第二页复印完后继续复印第三页、第四页，而不是重新开始复印？可参照任务一，让第二页复制完后单击"START"按钮跳转回第二张复印纸动画开始位置。

任务三 鸟 儿 飞

任务情境

大部分人都喜欢大海，喜欢那湛蓝的天空，清澈的海水，自由翱翔的鸟儿。现在我们就来制作一个这样的场景让自己身临其境感受一番。碧海蓝天上鸟儿自由飞翔，时而俯冲，时而展翅高飞。

任务分析

鸟儿飞翔的效果如图 6-3-1 所示。

图 6-3-1 效果图

【设计思路】

1. 导入 GIF 图片 bird，自动生成鸟儿扇动翅膀效果的影片剪辑。
2. 给影片剪辑添加 ActionScript 语句实现鸟儿在海面上飞翔的效果。

任务实施

1. 导入 GIF 图片

① 新建一个 ActionScript 2.0 文档，修改舞台尺寸为 550 像素×250 像素，FPS 改为 12，其余采用默认值。

② 选择菜单栏中的"文件"→"导入"→"导入到库"命令，打开"导入到库"对话框，将"bird.gif""海滩.jpg"和"海的声音.wav"导入库中。

③ 按【F11】键打开"库"面板，如图 6-3-2 所示。选中"海滩.jpg"，将其拖入舞台中，并在"属性"面板中设置其宽为 550 像素，高为 250 像素，"X"、"Y"均为"0"。

④ 在"时间轴"面板上，单击左下角的"新建图层"按钮 ，增加一个新图层，将"库"面板中导入"bird.gif"图片后自动生成的影片剪辑元件"元件 1"拖入舞台左侧上方，如图 6-3-3 所示。

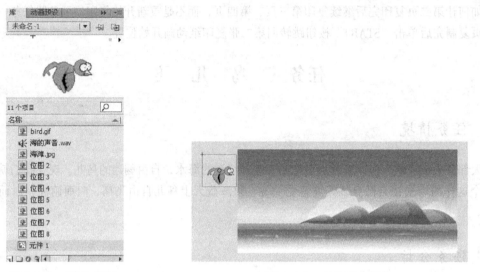

图 6-3-2 "库"面板   图 6-3-3 对象进入舞台

2. 给影片剪辑添加动作脚本

① 选中影片剪辑元件实例，按【F9】键，打开"动作"面板。选择"脚本助手"模式，在左侧"动作工具箱"中依次单击"全局函数"→"影片剪辑控制"，再双击"onClipEvent"，在右侧上部"事件"中选择"进入帧"单选按钮，如图 6-3-4 所示。

图 6-3-4 影片剪辑（Movie Clip，MC）添加动作

② 将"动作"面板切换至"专家"模式，英文输入状态下，在{}中输入"_x+=5;"，目的是每次让影片剪辑向右移动 5 个像素位置。

③ 为了产生随机效果，让动画更自然，接着输入如图 6-3-5 所示的语句。

④ 为保证影片剪辑实例不会移动到舞台外，需要继续添加相应语句，如图 6-3-6 所示。

⑤ 单击"语法检查"按钮 ，检查语法是否正确。

3. 添加音效

① 在"时间轴"面板上，单击左下角的"新建图层"按钮 ，增加一个新图层。

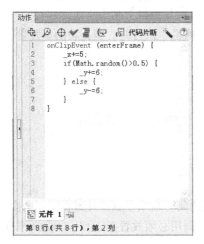

图 6-3-5　MC添加语句　　　　　图 6-3-6　设置MC移动边界

② 将"库"面板中的"海的声音.wav"拖入舞台。

③ 单击"时间轴"面板上该层的第 1 帧，在"属性"面板中设置声音为"循环"播放，如图 6-3-7 所示。

图 6-3-7　设置声音"循环"播放

4. 保存文件，测试动画

① 按快捷键【Ctrl+S】，保存文件。

② 按快捷键【Ctrl+Enter】测试动画。

相关知识

1. 影片剪辑控制语句

影片剪辑控制语句，主要用于对影片剪辑的属性进行设置和调整，复制、移除或拖动影片剪辑等。常用语句如下：

① duplicateMovieClip（原影片剪辑实例名、新实例名、深度）：复制指定的影片剪辑，并给新复制的影片剪辑设置名称和深度。

② getProperty（影片剪辑实例名、属性）：获得影片剪辑的相关属性值。

③ removeMovieClip（影片剪辑实例名）：删除指定的影片剪辑实例。

④ setProperty（影片剪辑实例名、属性、值）：更改影片剪辑的相关属性。

⑤ startDrag（影片剪辑实例名）：拖动指定的影片剪辑，执行时，被拖动的影片剪辑会跟着鼠标指针的位置移动。

影片剪辑的相关属性如下：

- _x、_y：影片剪辑实例的坐标位置。

- _xscale、_yscale：影片剪辑实例分别在水平和垂直方向上的缩放比例。

- _rotation：影片剪辑实例的旋转角度。

- _alpha：影片剪辑实例的透明度。

- _visible：影片剪辑实例的可视性。

本例主要讲解的是给影片剪辑添加动作脚本，此类语句一般用于在影片剪辑实例上添加动作，实现一些随机效果等，它也有特殊的格式，所有的函数调用必须放置在 onClipEvent（事件）后面的{ }中。

2. 影片剪辑事件处理函数

在 ActionScript 2.0 中，影片剪辑事件处理函数有：

① load（加载）：当影片剪辑被实例化并显示在时间轴上时调用。

② unload（卸载）：从时间轴删除影片剪辑之后，在第 1 帧中调用。处理与 unload 影片剪辑事件关联的动作之前，不将任何动作附加到受影响的帧上。

③ enterFrame（进入帧）：以 SWF 文件的帧频连续调用。首先处理与 enterFrame 剪辑事件关联的动作，然后才处理附加到受影响帧的全部帧动作。

④ mouseDown（鼠标向下）：当按下鼠标左键时调用。

⑤ mouseMove（鼠标移动）：每次移动鼠标时调用。

⑥ mouseUp（鼠标向上）：当释放鼠标左键时调用。

⑦ keyDown（向下键）：当按下某个键时调用。

⑧ keyUp（向上键）：当释放某个键时调用。

⑨ data（数据）：当所有数据都加载到影片剪辑中时调用。

任务拓展

一个鸟儿太孤单，给它找个伴吧。在本例基础上，再添加一个影片剪辑实例，给其添加不同的 ActionScript，效果会如何？

项目七

组件

【项目引言】

大家应该都在互联网上注册过。比如申请 QQ 号、注册邮箱、回答网上问卷调查，等等。大家所填写的用户名、密码、性别等身份信息，是一种表单，这种表单在 Flash CS6 中被称为"组件"。组件是对数据和方法的简单封装，用来简化交互动画的开发，一个组件就是一段影片剪辑，由用户在制作动画时来设置参数。

【职业能力目标】

1. 了解常用的几个组件的创建和使用方法；能够初步运用简单的组件。
2. 能够为组件设置参数。
3. 熟练使用复选框组件，能够为复选框组件设置参数。
4. 了解使用文本输入框组件的使用方法，能够为文本输入框组件设置参数。

任务一　神 灯 之 谜

任务情境

我们经常在网上看到很多爆笑的故事和选择题，现在就来试一试，用 Flash CS6 来制作一个搞笑的选择题：你知道什么人在摩擦了神灯后，神灯巨人跑了出来？选择一个你认为正确的答案。

任务分析

选择题效果如图 7-1-1 所示。

（a）　　　　　　　　　　　　　　　（b）

图 7-1-1　效果图

（c）　　　　　　　　　　　　　　（d）

图 7-1-1　效果图（续）

【设计思路】

（1）导入图片，制作背景。

（2）选择合适的组件，设置参数。

（3）使用 ActionScript 语句进行判断。

任务实施

1. 新建文件，制作背景

① 新建 Flash CS6 文件，单击"属性"面板中的"编辑"按钮 ，设置舞台属性，其中，尺寸为 550 像素×400 像素，背景颜色为"#000000"，其余采用默认值，如图 7-1-2 所示。

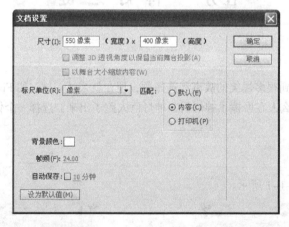

图 7-1-2　文档属性设置

② 将时间轴上的"图层 1"改名为"背景"。

③ 选择菜单栏上的"文件"→"导入"→"导入到舞台"命令，在弹出的"导入"对话框中选择存放图片的文件夹，将所需要的背景图片导入舞台中。

④ 选中舞台中的背景图片，在右侧的"属性"面板的"位置和大小"中设置："宽"为"550.00"，"高"为"400.00"，"X"值为"0.00"，"Y"值为"0.00"，使图片与舞台大小一致，与舞台中心

重合，此时的舞台和"属性"面板状态分别如图 7-1-3 和图 7-1-4 所示。

图 7-1-3　表单背景　　　　　　　　图 7-1-4　背景图片属性设置

⑤ 锁定时间轴上的"背景"图层。

2．制作题目

① 单击"时间轴"面板左下角的"新建图层"按钮，在"背景"图层上方新建一个图层，改名为"题目"。

② 单击工具箱中的"文本工具"按钮，输入静态文本：你知道什么人在摩擦了神灯后，神灯巨人跑了出来？

③ 舞台效果如图 7-1-5 所示。

图 7-1-5　文本输入

3．使用单选按钮组件制作选项

① 选择菜单栏上的"窗口"→"组件"命令，或者使用快捷键【Ctrl+F7】，打开"组件面板"。

② 展开"组件"面板中的"User Interface"文件夹，将该文件夹下的"Radio Button"组件拖入舞台中，放置在合适的位置，如图 7-1-6 所示。

③ 选中舞台中的"Radio Button"组件，在右侧"属性"面板中的"组件参数"里设置："label"值为"阿拉甲"，如图 7-1-7 所示。

图 7-1-6　插入单选按钮组件　　　　　　图 7-1-7　单选按钮组件参数设置

④ 此时的舞台效果如图 7-1-8 所示。

图 7-1-8　舞台效果 1

⑤ 同样方法，再在舞台中添加 3 个 "Radio Button" 组件，放置在合适的位置，如图 7-1-9 所示。

图 7-1-9　添加 3 个单选按钮组件

⑥ 修改第 2 个 "Radio Button" 组件的 "label" 值为 "阿拉乙"，修改第 3 个 "Radio Button" 组件的 "label" 值为 "阿拉丙"，修改第 4 个 "Radio Button" 组件的 "label" 值为 "阿拉丁"，如图 7-1-10 所示。

图 7-1-10 舞台效果 2

4. 制作答案显示区域

① 单击工具箱中的"文本工具"按钮，在右侧的"属性"面板中设置文本类型为"动态文本"，如图 7-1-11 所示。

② 在舞台中按住鼠标左键不松，拖出一个矩形，即一个动态文本框，如图 7-1-12 所示。

图 7-1-11 插入动态文本

图 7-1-12 动态文本舞台位置

③ 选中舞台中的动态文本框，在右侧的"属性"面板中设置"字符"："系列"为"楷体"，"大小"为"18.0"，"颜色"为"红色"；展开"选项"列表，设置其中的"变量"为"daan"，如图 7-1-13 所示。

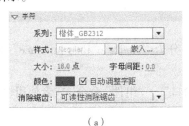

（a）

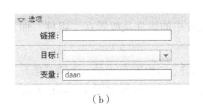

（b）

图 7-1-13 动态文本框属性设置

④ 锁定"时间轴"上的"题目"图层。

5. 使用 ActionScript 语句对"答案"进行判断

① 单击"时间轴"左下角的"新建图层"按钮 ，新建一个图层，改名为"动作"。

② 单击"动作"图层的第 1 帧，按快捷键【F9】，打开"动作"面板。

③ 在"动作"面板中输入如图 7-1-14 所示的语句。

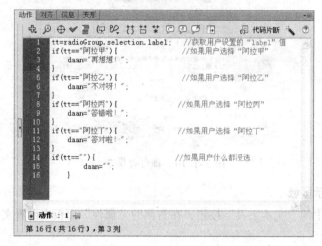

图 7-1-14　第 1 帧处"动作面板"中的语句

④ 在每个图层的第 2 帧处按快捷键【F5】，插入一个普通帧，时间轴状态如图 7-1-15 所示。

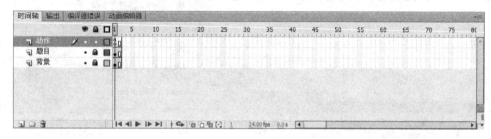

图 7-1-15　时间轴状态

6. 保存文件，测试动画

① 按快捷键【Ctrl+S】，保存文件。

① 按快捷键【Ctrl+Enter】测试动画。

 相关知识

Flash CS6 中的组件是放置在"组件"面板中的，分为"Media""User Interface"和"Video"
3 类。

打开"组件"面板的方法是：选择菜单栏中的"窗口"→"组件"命令，或者使用快捷键【Ctrl+
F7】。打开的"组件"面板如图 7-1-16 所示。

"组件"参数的设置：选中要设置参数的组件，在右侧的"组件参数"中进行详细设置。

单选按钮组件（RadioButton）的使用方法：

单选按钮组件是指在项目中有若干个选项，其标志是前面有一个圆环，当选中其中一个选项
时，该选项前面的圆环内出现一个小实心圆点表示该项被选中，在一组单选按钮选项中，只能选
中其中一项，其余均处于非选中状态。在"组件参数"中的具体参数设置如下：

① data：与该单选按钮组件相关联的值。

② groupName：表示该单选按钮所在组的名称，默认值为"radioGroup"。

③ label：是该组件的标签，设置单选按钮上显示的文字内容，默认值为"Radio Button"。

④ labelPlacement：设置单选按钮上所显示文字相对于图标的方向，默认值为"right"。

⑤ selected：设置单选按钮是否为被选中状态，勾选则为被选中状态，否则是未选中状态。

（a） （b） （c）

图 7-1-16 "组件"面板

 任务拓展

试一试，利用组件将下面一道题目制作成一个表单：

"三国演义"中，刘备请得诸葛亮，传为美谈的是（　　　）。

（1）三顾茅庐　　　　（2）三顾茅屋　　　　（3）三顾茅厕　　　　（4）姗姗来迟

任务二　兴趣测试

 任务情境

网络上有很多性格测试、爱好测试，等等，那么，我们利用 Flash CS6 里的组件来编一个测试题吧：你有那些兴趣爱好呢？你的兴趣广泛吗？来测试一下吧！

 任务分析

兴趣测试效果如图 7-2-1 所示。

【设计思路】

（1）导入图片，制作背景。

（2）选择合适的组件，设置参数。

（3）使用 ActionScript 语句进行判断。

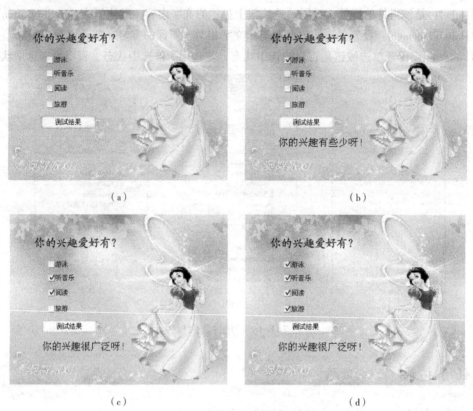

图 7-2-1　效果图

任务实施

1. 新建文件，制作背景

① 新建 Flash CS6 文件，单击"属性"面板中的"编辑"按钮 ，设置舞台属性，其中，尺寸为 400 像素 × 300 像素，背景颜色为"#000000"，其余采用默认值，如图 7-2-2 所示。

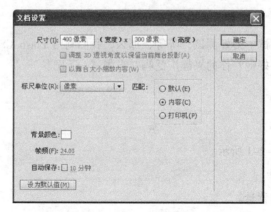

图 7-2-2　文档属性设置

② 将"时间轴"上的"图层 1"改名为"背景"。

③ 选择菜单栏上的"文件"→"导入"→"导入到舞台"命令，在弹出的"导入"对话框中选择存放图片的文件夹，将所需要的背景图片导入舞台中。

④ 选中舞台中的背景图片，在右侧"属性"面板的"位置和大小"中设置："宽"为"400.00"，"高"为"300.00"，"X"值为"0.00"，"Y"值为"0.00"，使图片与舞台大小一致，与舞台中心重合，此时的舞台和"属性"面板状态分别如图 7-2-3 和图 7-2-4 所示。

图 7-2-3　背景图片　　　　　　　　　　　图 7-2-4　图片属性设置

⑤ 锁定"背景"图层。

2. 制作测试题

① 单击"时间轴"面板左下角的"新建图层"按钮，在"背景"图层上方新建一个图层，改名为"测试题"。

② 单击工具箱中的"文本工具"按钮，输入静态文本：你的兴趣爱好有？

③ 舞台效果如图 7-2-5 所示。

图 7-2-5　静态文本的舞台位置

3. 使用复选框组件制作选项

① 选择菜单栏上的"窗口"→"组件"命令，或者使用快捷键【Ctrl+F7】，打开"组件面板"。

② 展开"组件"面板中的"User Interface"文件夹，将该文件夹下的"CheckBox"组件拖入舞台中，放置在合适的位置，如图 7-2-6 所示。

图 7-2-6　添加复选框按钮组件

③ 选中舞台中的"CheckBox"组件，在右侧"属性"面板中将实例名称改为"a"，"组件参数"里设置："label"值为"游泳"，如图 7-2-7 所示。

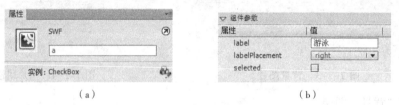

（a）　　　　　　　　　　　　　　　　　　（b）

图 7-2-7　属性和组件参数设置

④ 此时的舞台效果如图 7-2-8 所示。

图 7-2-8　舞台效果 1

⑤ 同样方法，再在舞台中添加 3 个"CheckBox"组件，放置在合适的位置，如图 7-2-9 所示。

⑥ 修改第 2 个"CheckBox"组件的实例名称为"b"，"label"值为"听音乐"；修改第 3 个"CheckBox"组件的实例名称为"c"，"label"值为"阅读"；修改第 4 个"CheckBox"组件的实例名称为"d"，"label"值为"旅游"，如图 7-2-10 所示。

4. 制作答案显示区域

① 单击工具箱中的"文本工具"按钮，在右侧的"属性"面板中设置文本类型为"动态文

本"，如图7-2-11所示。

② 在舞台中按住鼠标左键不松，拖出一个矩形，即一个动态文本框，如图7-2-12所示。

图7-2-9 添加3个复选框按钮组件

图7-2-10 舞台效果2

图7-2-11 文本属性设置   图7-2-12 动态文本框

③ 选中舞台中的动态文本框，在右侧的"属性"面板中设置"字符"："系列"为"宋体"，"大小"为"18.0"，"颜色"为"#000066"；展开"选项"列表，设置其中的"变量"为"jieguo"，如图7-2-13所示。

（a） （b）

图 7-2-13 动态文本框属性设置

5．制作按钮组件

① 在组件面板中将"User Interface"文件夹下的"Button"组件拖入舞台中，放置在合适的位置，如图 7-2-14 所示。

图 7-2-14 动态文本框舞台效果

② 选中舞台中的"Button"组件，在右侧"属性"面板中的"组件参数"里设置："label"值为"测试结果"，如图 7-2-15 所示。

图 7-2-15 组件的参数设置

③ 此时的舞台效果如图 7-2-16 所示。

④ 锁定"时间轴"上的"测试题"图层。

6．使用 ActionScript 语句显示测试结果

① 单击"时间轴"左下角的"新建图层"按钮，新建一个图层，改名为"动作"。

② 单击"动作"图层的第 1 帧，按快捷键【F9】，打开"动作"面板。

③ 在"动作"面板中输入如图 7-2-17 所示的语句。

图 7-2-16 舞台效果 3

```
1  if(a.selected==true){    //如果复选框a被选中，t1赋值为1
2      t1=1;
3  }else{                   //否则t1的值为0
4      t1=0;
5  }
6  if(b.selected==true){    //如果复选框b被选中，t2赋值为1
7      t2=1;
8  }else{                   //否则t2的值为0
9      t2=0;
10 }
11 if(c.selected==true){    //如果复选框c被选中，t3赋值为1
12     t3=1;
13 }else{                   //否则t3的值为0
14     t3=0;
15 }
16 if(d.selected==true){    //如果复选框d被选中，t4赋值为1
17     t4=1;
18 }else{                   //否则t4的值为0
19     t4=0;
20 }
21 t=t1+t2+t3+t4;
22 function onclick(){      //给Button组件定义一个onclick函数
23     if(t>1){
24         jieguo="你的兴趣很广泛呀！";
25     }else{
26         jieguo="你的兴趣有些少呀！";
27     }
28 }
```

图 7-2-17 第 1 帧处的"动作"语句

④ 选中舞台上的"Button"组件，按快捷键【F9】，打开"动作"面板，输入语句如图 7-2-18 所示。

```
1  on (click) {
2      _root.onclick();
3  }
4
```

图 7-2-18 按钮的"动作"语句

⑤ 在每个图层的第 2 帧处按快捷键【F5】，插入一个普通帧，"时间轴"状态如图 7-2-19 所示。

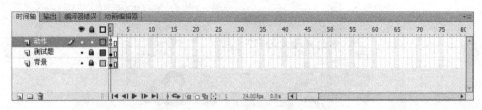

图 7-2-19　时间轴状态

7. 保存文件，测试动画

① 按下快捷键【Ctrl+S】，保存文件。

② 然后按【Ctrl+Enter】组合键测试动画。

 相关知识

1. 复选框组件（CheckBox）的使用方法

复选框组件是指在若干个选项中选择任意个选项，其标志是前面有一个方框，当选中其中一个选项时，该选项前面的框内出现一个勾表示该项被选中。在"组件参数"中的具体参数设置如下：

① label：是该组件的标签，设置复选框按钮上显示的文字内容，默认值为"CheckBox"。

② labelPlacement：设置复选框上所显示的文字相对于图标的方向，默认值为"right"。

③ selected：设置复选框是否为被选中状态，勾选则为被选中状态，否则是未选中状态。

2. 按钮组件（Button）

Button 组件是可调整大小的矩形按钮，可以使用鼠标按下它以便在应用程序中发起一个动作，可以给按钮添加自定义图标，也可以将按钮的行为从按压方式改变为拨动方式。在"组件参数"中的具体参数设置如下：

① icon：为按钮组件添加一个自定义图标。

② label：是该组件的标签，设置按钮上显示的文字内容，默认值为"Button"。

③ labelPlacement：设置按钮组件上所显示的文字相对于图标的方向，默认值为"right"。

④ selected：设置按钮初始状态是按下状态还是释放状态。

⑤ toggle：将按钮转变为切换开关。默认状态为普通按钮，勾选后则按下后保持按下状态，直到再次按下时才回到弹起状态。

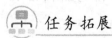 任务拓展

试一试，利用组件制作一个调查同学们喜欢哪位老师的表单。

任务三　问 卷 调 查

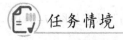 任务情境

我们经常在网络上看到一些问卷调查或是市场调研，一份客观的市场调研对任何单位来说都

非常重要。下面我们一起来做一份简单的问卷调研：学校正在做一项调研，请你来填一填。

任务分析

问卷效果如图 7-3-1 所示。

（a）

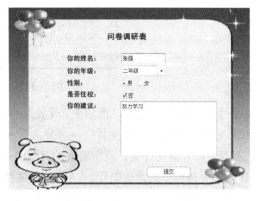

（b）

（c）

图 7-3-1　效果图

【设计思路】

（1）导入图片，制作背景。

（2）选择合适的组件，设置参数。

（3）使用 ActionScript 语句进行判断。

任务实施

1. 新建文件，制作背景

① 新建 Flash CS6 文件，单击"属性"面板中的"编辑"按钮 ，设置舞台属性，其中，尺寸为 550 像素 × 400 像素，背景颜色为"#000000"，其余采用默认值，如图 7-3-2 所示。

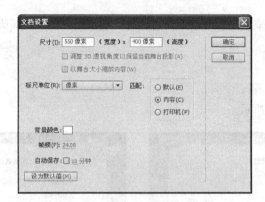

图 7-3-2　文档属性设置

② 将"时间轴"上的"图层 1"改名为"背景"。

③ 选择菜单栏上的"文件"→"导入"→"导入到舞台"命令，在弹出的"导入"对话框中选择存放图片的文件夹，将所需要的背景图片导入舞台中。

④ 选中舞台中的背景图片，在右侧的"属性"面板的"位置和大小"中设置："宽"为"550.00"，"高"为"400.00"，"X"值为"0.00"，"Y"值为"0.00"，使图片与舞台大小一致，与舞台中心重合，此时的"属性"面板和舞台状态分别如图 7-3-3 和图 7-3-4 所示。

图 7-3-3　背景图片属性设置　　　　　　　图 7-3-4　舞台效果 1

⑤ 锁定"时间轴"上的"背景"图层。

2．制作静态文本

① 单击"时间轴"面板左下角的"新建图层"按钮，在"背景"图层上方新建一个图层，改名为"静态文本"。

② 单击工具箱中的"文本工具"按钮，输入静态文本，如图 7-3-5 所示。

③ 锁定"时间轴"上的"静态文本"图层。

3．制作姓名输入框

① 单击"时间轴"面板左下角的"新建图层"按钮，在"背景"图层上方新建一个图层，改名为"组件"。

② 选择菜单栏上的"窗口"→"组件"命令，或者使用快捷键【Ctrl+F7】，打开"组件"面板。

③ 展开"组件"面板中的"User Interface"文件夹，将该文件夹下的"TextInput"组件拖入舞台中，放置在文本"你的姓名"右边，如图 7-3-6 所示。

图 7-3-5 静态文本输入

图 7-3-6 添加"TextInput"组件

④ 选中舞台中的"TextInput"组件,在右侧"属性"面板中给组件命名为"xm","组件参数"里设置:"text"值为"请输入你的姓名",如图 7-3-7 所示。

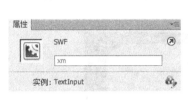
(a)

(b)

图 7-3-7 组件参数设置

⑤ 此时的舞台效果如图 7-3-8 所示。

4. 制作年级选项

① 将"User Interface"文件夹下的"ComboBox"组件拖入舞台中,放置在文本"你的年级"右边,如图 7-3-9 所示。

图 7-3-8 舞台效果 2

图 7-3-9 添加"ComboBox"组件

② 选中舞台上的"ComboBox"组件,在右侧"属性"面板中给组件命名为"nj",在"组件参数"里,单击"labels"后的编辑按钮 ✐,在弹出的"值"对话框中输入年级:一年级、二年级、三年级,如图 7-3-10 所示。

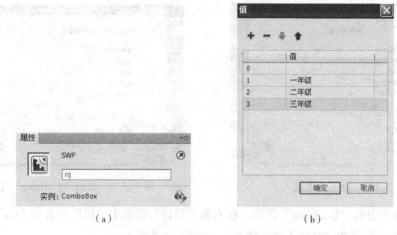

图 7-3-10　组件属性

5.制作性别选项

① 将"User Interface"文件夹下的"Radio Button"组件拖入舞台中，放置在文本"性别"右边，如图 7-3-11 所示。

图 7-3-11　舞台效果 3

② 选中舞台上的"Radio Button"组件，在右侧"属性"面板中的"组件参数"里，设置两个"Radio Button"组件的"label"值分别为"男"和"女"，"groupName"值为"XB"，如图 7-3-12 所示。

图 7-3-12　"Radio Button"组件组件参数设置

③ 此时的舞台效果如图 7-3-13 所示。

图 7-3-13 舞台效果 4

6. 制作是否住校选项

① 将"User Interface"文件夹下的"CheckBox"组件拖入舞台中,放置在文本"是否住校"的右边,并给组件命名为"sfzx",在"组件参数"中设置"label"值为"否",如图 7-3-14 所示。

（a） （b）

图 7-3-14 添加"CheckBox"组件

② 此时的舞台效果如图 7-3-15 所示。

图 7-3-15 舞台效果 5

7. 制作你的建议选项

① 将"User Interface"文件夹下的"TextArea"组件拖入舞台中,放置在文本"你的建议"的右边,并给组件命名为"jy",宽、高略作调整,其余采用默认值,如图 7-3-16 所示。

（a） （b）

图 7-3-16 添加"TextArea"组件

② 此时的舞台效果如图 7-3-17 所示。

图 7-3-17　舞台效果 6

8. 制作提交按钮

① 将"User Interface"文件夹下的"Button"组件拖入舞台中，放置在"TextArea"的下面，在右侧的"组件参数"选项中设置"label"的值为"提交"，如图 7-3-18 所示。

② 此时的舞台效果如图 7-3-19 所示。

图 7-3-18　"Button"组件参数

图 7-3-19　舞台效果 7

9. 制作答案显示页

① 在"背景"图层的第 2 帧处按快捷键【F5】，插入一个普通帧。

② 选择"组件"图层，单击"时间轴"面板左下角的"新建图层"按钮，在"组件"图层上方新建一个图层，改名为"答案页"。

③ 在"答案页"图层的第 2 帧处，按快捷键【F6】，插入一个关键帧。

④ 单击"答案页"图层的第 2 帧，使用"工具栏"中的"文本工具"输入静态文本"结果显示"。

⑤ 将"User Interface"文件夹下的"TextArea"组件拖入舞台中，放置在文本"结果显示"的下边，并给组件命名为"jg"，如图 7-3-20 所示。

⑥ 将"User Interface"文件夹下的"Button"组件拖入舞台中，放置在最下方，并给组件的"label"设置为"返回"，如图 7-3-21 所示。

图 7-3-20　给组件命名　　　　　　　　图 7-3-21　组件参数

⑦ 此时的舞台效果如图 7-3-22 所示。

图 7-3-22　舞台效果 8

10. 使用 ActionScript 语句来显示结果

① 单击"时间轴"左下角的"新建图层"按钮，新建一个图层，改名为"动作"。

② 单击"动作"图层的第 1 帧，按快捷键【F9】，打开"动作"面板。

③ 在"动作"面板中输入如图 7-3-23 所示的语句。

```
1   stop();
2   function click1() {          //自定义"提交"按钮调用的函数click1
3       if (sfzx.selected == true) {
4           text = "是";
5       } else {
6           text = "否";
7       }
8       XingMing = "姓名:"+xm.text;//获取用户输入的姓名
9       NianJi = "\r年级:"+nj.value;//获取用户选择的年级
10      XingBie = "\r性别:"+XB.selection.label;//获取用户选择的信息
11      ZhuXiao = "\r是否住校:"+text;//获取用户是否住校
12      JianYi = "\r建议:\r"+word.text;//获取用户输入的建议
13      text1 = XingMing+NianJi+XingBie+ZhuXiao+JianYi;
14      gotoAndStop(2);
15  }
16
17  function click2() {          //自定义"返回"按钮调用的函数click2
18      gotoAndStop(1);
19  }
```

图 7-3-23　"动作"面板语句

④ 单击"动作"图层的第 2 帧，按快捷键【F6】，插入一个关键帧。

⑤ 单击"动作"图层的第 2 帧，按快捷键【F9】，打开"动作"面板。

⑥ 在"动作"面板中输入如图 7-3-24 所示的语句。

图 7-3-24　第 2 帧处"动作"面板语句

⑦ 单击"组件"图层的第 1 帧，选中舞台上的"提交"按钮组件，按快捷键【F9】，打开"动作"面板，在"动作"面板中输入如图 7-3-25 所示的语句。

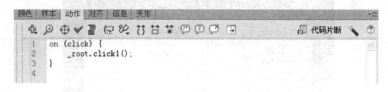

图 7-3-25　"提交"按钮组件语句

⑧ 单击"答案页"图层的第 2 帧，选中舞台上的"返回"按钮组件，按快捷键【F9】键，打开"动作"面板，在"动作"面板中输入如图 7-3-26 所示的语句。

图 7-3-26　"返回"按钮组件语句

⑨ 此时的时间轴状态如图 7-3-27 所示。

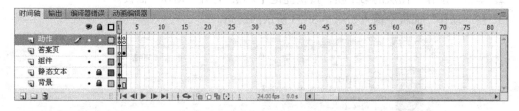

图 7-3-27　时间轴状态

11. 保存文件，测试动画

① 按下快捷键【Ctrl+S】，保存文件。

② 按下快捷键【Ctrl+Enter】测试动画。

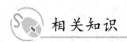 相关知识

1. 文本输入框组件（TextInput、TextArea）的使用方法

文本输入框分为单行文本字段的输入 TextInput 和多行文本字段的输入 TextArea，都是"动作"

TextField 的对象。对应的"组件参数"如图 7-3-28 和图 7-3-29 所示。

在"组件参数"中的具体参数设置如下：

① editable：表示组件是否可以被编辑，默认为"可以"。

② html：表示文本是否采用 html 格式，默认为"不采用"。

③ text：表示显示的内容。

④ password：表示文本字段是否显示为密码状态，默认为"不显示"。

⑤ wordWrap：表示文本是否自动换行，默认为"自动换行"。

图 7-3-28　单行文本

图 7-3-29　多行文本

2. 组合框组件（ComboBox）的使用方法

组合框组件分为静态和可编辑的两种，静态组合框是在列表中选择一项，可编辑的组合框能够自由输入，也能够在列表中选择。在"组件参数"中的具体参数设置如下：

① data：是一个数组，其中的数据值与组合框中的各个项目相关联。

② editable：表示组合框是静态的还是可被编辑的，默认为"静态的"。

③ labels：是用一个文本值数字来填充组合框。

④ rowcount：在不使用滚动条的情况下最多可以显示多少条项目。

 **任务拓展**

试一试，利用组件制作一份市场调研的问卷。

项目八

3D 变形工具和骨骼工具

【项目引言】

本项目主要介绍 Flash CS6 中 3D 变形工具和骨骼工具的使用，利用 3D 变形工具可以制作出三维动画，利用骨骼工具可以更容易地制作出一些较复杂的动画。

【职业能力目标】

1. 掌握 3D 旋转工具的使用。
2. 熟悉骨骼工具的使用。

任务一　3D 变形工具——制作 3D 立体盒图

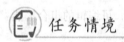任务情境

Flash CS6 提供了 3D 旋转和移动功能，通过工具栏中的 3D 工具 ，引入了空间的概念，沿 X、Y、Z 轴任意旋转和移动对象，从而制作具有三维效果的动画。

空间中立体盒的转动具有立体效果，那么就让我们一起来制作立体盒转动的效果吧。

任务分析

3D 立体盒最终效果如图 8-1-1 所示。

图 8-1-1　"3D 立体盒"旋转效果

【设计思路】

（1）制作"mc"立体盒影片。

（2）制作立体盒动画效果。

任务实施

1. 新建文件，制作"mc"立体盒影片

① 新建 Flash CS6 文件，单击"属性"面板中的"编辑"按钮 ，设置舞台属性，其中，尺寸为 550 像素×400 像素，背景颜色为"#000000"，其余采用默认值，如图 8-1-2 所示。

② 选择"文件"→"导入"→"导入到库" 菜单命令，从外部导入 6 张图片（1.png～6.png）到库中，图片大小 200 像素×200 像素。如图 8-1-3 所示。

图 8-1-2 "文档属性"设置　　　　　　图 8-1-3 导入图片到库

③ 选择"插入"→"新建元件"菜单命令，弹出"创建新元件"对话框，命名为"mc1"，将"库"中的 1.png 图片拖入场景中，创建好 mc1 影片元件，如图 8-1-4 所示。同理创建 mc2～mc6 影片元件，将 2.png～6.png 图片拖入其中，如图 8-1-5 所示。

图 8-1-4 mc1 影片的制作　　　　　　图 8-1-5 创建 mc2～mc6 影片元件

④ 新建一名为"mc"的影片元件，将库中的 mc1～mc6 影片剪辑分别拖入其中，并设置每个

影片的坐标位置，具体如下：mc1 位置设置成（0.0, 0.0, 0.0），mc2 位置设置成（0.0, 0.0, 200.0），如图 8-1-6 所示。

图 8-1-6　调整 mc1、mc2 位置

⑤ 将 mc3 影片元件利用 3D 旋转工具将其 Y 轴旋转 90 度，3D 定位位置设置成（-100.0, 0.0, 100.0），如图 8-1-7 所示。

图 8-1-7　设置 mc3

⑥ 同样将 mc4 影片元件利用 3D 旋转工具将其 Y 轴旋转 90°，3D 定位位置成（100.0, 0.0, 100.0），如图 8-1-8 所示。

图 8-1-8　设置 mc4

⑦ 同样将 mc5 影片元件利用 3D 旋转工具将其 X 轴旋转 90°，3D 定位位置设置成（0.0，
-100.0，100.0），如图 8-1-9 所示。

图 8-1-9 设置 mc5

⑧ 同样将 mc6 影片元件利用 3D 旋转工具将其 X 轴旋转 90°，3D 定位位置设置成（0.0，
100.0，100.0），如图 8-1-10 所示。

图 8-1-10 设置 mc6

2. 制作立体盒动画

① 选中"时间轴"中的第 1 帧，将"mc"这个影片拖入主场景的左上角，并创建补间动画，
然后选中"时间轴"的第 50 帧、100 帧并插入帧，位置摆放如图 8-1-11 所示。

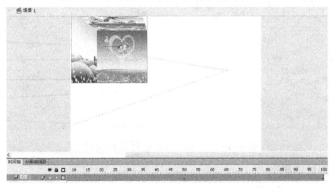

图 8-1-11 调整 mc 影片位置

② 选中"时间轴"中的 50 帧，将"mc"影片调整到场景中的右下角，在动画编辑器里面调整相应的属性（如 Y 轴的旋转角度为 360°），如图 8-1-12 所示。

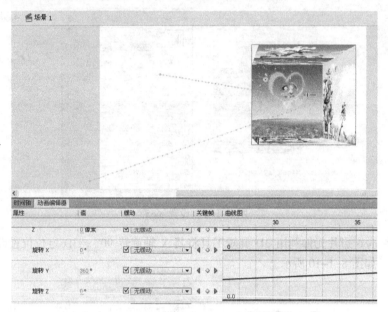

图 8-1-12　50 帧处进行动画设置

③ 选中"时间轴"中的 100 帧，在动画编辑器里面调整相应的属性（如 Z 轴的旋转角度为 360°），如图 8-1-13 所示。

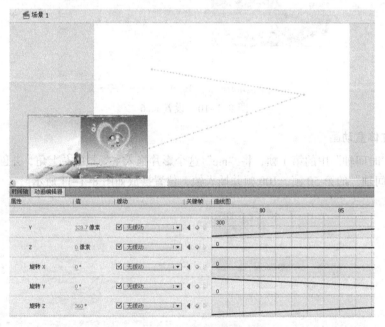

图 8-1-13　100 帧处进行动画设置

3. 保存文件，测试动画

① 按下快捷键【Ctrl+S】，保存文件。

② 按下快捷键【Ctrl+Enter】测试动画。

 相关知识

1. 3D平移工具

3D平移工具用于将影片剪辑元件在X、Y、Z轴方向上进行平移。单击"工具"面板中的"3D平移工具",然后选择舞台中的影片剪辑实例,此时,该影片剪辑的X、Y和Z 3个轴将显示在实例的正中间,其中X轴为红色、Y轴为绿色,而Z轴为一个黑色的圆点,如图8-1-14所示。

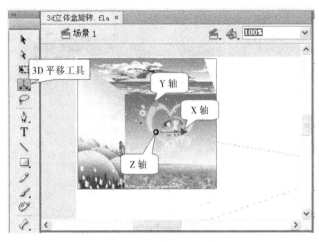

图8-1-14 3D平移工具的使用

2. 3D旋转工具

使用3D旋转工具,可以在3D空间中旋转影片剪辑元件,如图8-1-15所示。

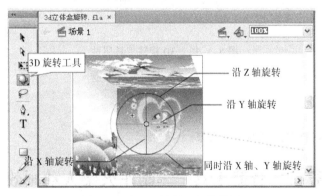

图8-1-15 3D旋转工具的使用

红色线条表示沿X轴旋转图形,绿色线条表示沿Y轴旋转图形,蓝色线条表示沿Z轴旋转图形,橙色线条表示在X、Y、Z轴的每个方向上都发生旋转。将鼠标指针移动到需要旋转的轴线上,进行拖动,则所编辑的对象会随之发生旋转。

① 使用3D旋转工具旋转对象。

选择3D旋转工具后,工具箱下方会出现"贴紧至对象"按钮和"全局转换"按钮。"全局转换"按钮为默认状态，表示当前状态为全局状态，此时是相对于舞台进行旋转。取消全局状态则表示当前为局部状态，此时是相对于影片剪辑进行旋转。

② 使用"变形"面板进行 3D 旋转。

如想精确控制剪辑元件的 3D 旋转，需要在"变形"面板中进行参数设置，如图 8-1-16 所示。

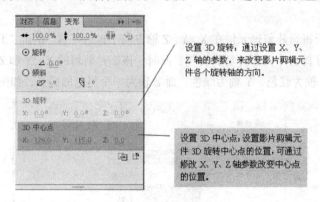

图 8-1-16 "变形"面板的使用

③ 3D 旋转工具的"属性"面板设置，如图 8-1-17 所示。

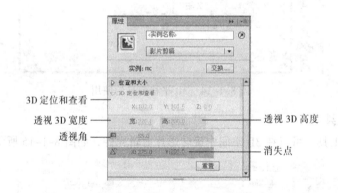

图 8-1-17 3D 旋转工具属性

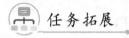 任务拓展

试一试，制作其 3D 立体盒的动画效果。

任务二 骨骼工具——制作火柴人动画效果

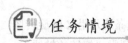 任务情境

我们应该都欣赏过小小动画中的火柴人打斗效果吧，十分炫酷。在 Flash CS6 中使用骨骼工具，元件实例和形状对象可以按复杂而自然的方式运动，只需做很少的设计。下面就让我们一起感受一下利用骨骼工具制作火柴人的动画吧。

任务分析

火柴人效果如图 8-2-1 所示。

图 8-2-1　火柴人动作效果

【设计思路】

（1）用"椭圆"工具和"矩形"工具绘制出火柴人。

（2）用"骨骼"工具为火柴人添加骨骼。

（3）在相应时间帧上为火柴人变化不同动作。

任务实施

1. 新建文档，制作"火柴人"

① 新建一个空白文档，单击"属性"面板中的"编辑"按钮，设置舞台属性，其中，尺寸为 300 像素×300 像素，背景颜色为"#FFFFFF"，其余采用默认值，如图 8-2-2 所示。

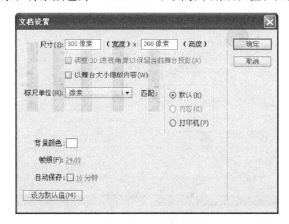

图 8-2-2　文档属性设置

② 更改默认的"图层 1"为"火柴人",如图 8-2-3 所示。

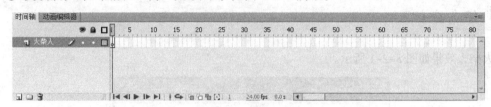

图 8-2-3　图层更名

③ 单击工具箱中的"椭圆工具"按钮 ◯，设置笔触颜色为"无"，填充颜色为"黑色"，如图 8-2-4 所示。

④ 单击"火柴人"图层的第 1 帧，按住键盘上的【Shift】键，在舞台中绘制一个圆，宽和高分别为"20.00"像素。

⑤ 选择工具箱中的"矩形工具"按钮 ▭，设置笔触颜色为"无"，填充颜色为"黑色"，在舞台中绘制一个矩形，大小为"10.00"像素 × "60.00"像素，如图 8-2-5 所示。

图 8-2-4　笔触和填充设置　　　　　　　　　　图 8-2-5　绘制圆和矩形

⑥ 按住键盘上的【Alt】键，再复制 4 个矩形，如图 8-2-6 所示。

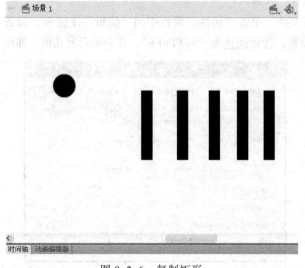

图 8-2-6　复制矩形

⑦ 调整圆和 5 个矩形的位置使其呈现一个火柴人形，火柴人图形制作好，如图 8-2-7 所示。

图 8-2-7　组合成火柴人

2．利用"骨骼"工具为火柴人图形添加骨骼

① 单击工具箱中的"骨骼工具"按钮 ，为火柴人图形添加相应骨骼，如图 8-2-8 和图 8-2-9 所示。

图 8-2-8　为火柴人添加骨骼　　　　　　图 8-2-9　为火柴人添加骨骼

② 添加完火柴人骨骼后，"时间轴"上多 1 个"骨架_2"图层，如图 8-2-10 所示。

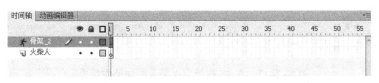

图 8-2-10　骨架图层

3．为火柴人变化相应动作

① 选择"时间轴"上的第 80 帧，插入帧，如图 8-2-11 所示。

图 8-2-11　骨架图层上添加帧

② 选择"时间轴"上的第 15 帧并右击，在弹出的快捷菜单中选择"插入姿势"命令，如图 8-2-12 所示。

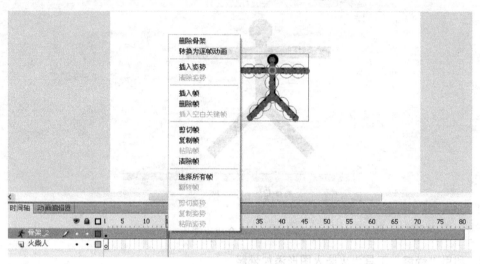

图 8-2-12　骨架图层上创建补间

③ 利用"选择"工具，改变场景中的火柴人动作造型，如图 8-2-13 所示。

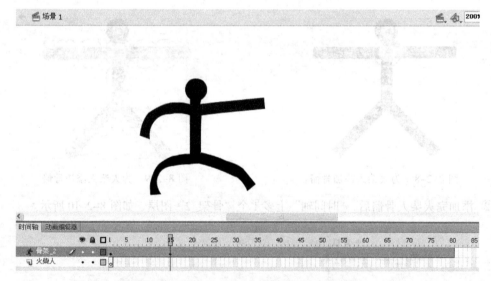

图 8-2-13　在 15 帧处为火柴人添加动作效果

④ 选择"时间轴"上的第 30 帧，利用"选择"工具和"任意变形"工具，改变场景中的火柴人动作造型和位置，如图 8-2-14 所示。

⑤ 按照同样的方法分别在第 45 帧、60 帧和 80 帧改变火柴人的位置和造型，分别如图 8-2-15～图 8-2-17 所示。

4. 保存文件，测试动画

① 按下快捷键【Ctrl+S】，保存文件。

② 按下快捷键【Ctrl+Enter】测试动画。

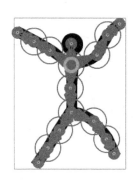

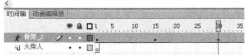

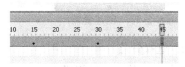

图 8-2-14　在 30 帧处为火柴人添加动作效果　　　　图 8-2-15　在 45 帧处为火柴人添加动作效果

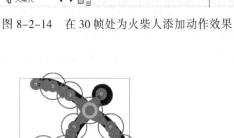

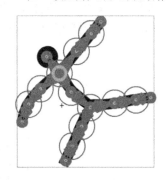

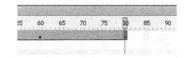

图 8-2-16　在 60 帧处为火柴人添加动作效果　　　　图 8-2-17　在 80 帧为火柴人添加动作效果

 相关知识

1．骨骼动画创建的方式

在 Flash 中，创建骨骼动画一般有两种方式。方式一是为影片实例添加与其他相连接的骨骼，使用关节连接这些骨骼，骨骼允许影片实例连一起运动。方式二是在形状对象（即各种矢量图形对象）的内部添加骨骼，通过骨骼来移动形状的各个部分以实现动画效果。

2．骨骼的定义

在工具箱中选择"骨骼工具"，在一个对象中单击，向另一个对象拖动鼠标，释放鼠标后就可以创建两个对象间的连接，此时两个对象间将显示出创建的骨骼。在创建骨骼时，第一个骨骼是父级骨骼，骨骼的头部为圆形端点，有一个圆圈环绕着头部。骨骼的尾部为尖形，有一个实心点，如图 8-2-18～图 8-2-20 所示。

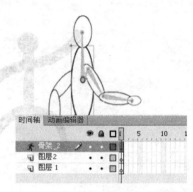

图 8-2-18　创建骨骼　　　　图 8-2-19　创建分支骨骼　　　　图 8-2-20　创建姿势图层

3．选择骨骼

如果需要快速选择相邻的骨骼，可以在选择骨骼后，在"属性"面板中单击相应的按钮来进行选择。如单击"父级"按钮将选择当前骨骼的父级骨骼，单击"子级"按钮将选择当前骨骼的子级骨骼，单击"下一个同级"按钮或"上一个同级"按钮，可以选择同级的骨骼，如图 8-2-21 所示。

图 8-2-21　骨骼层级

4．删除骨骼

在创建骨骼后，如果需要删除单个的骨骼及其下属的子骨骼，只需要选择该骨骼后按【Delete】键即可。如果需要删除所有的骨骼，可以右击姿势图层，选择快捷菜单中的"删除骨骼"命令，此时实例将恢复到添加骨骼之前的状态。

5．创建骨骼动画

在为对象添加了骨架后，即可以创建骨骼动画了。在制作骨骼动画时，可以在开始关键帧中制作对象的初始姿势，在后面的关键帧中制作对象不同的姿态，Flash 会根据反向运动学的原理计算出连接点的位置和角度，创建从初始姿态到下一个姿态转变的动画效果。

在完成对象的初始姿势的制作后，在"时间轴"面板中右击动画需要延伸到的帧，选择快捷菜单中的"插入姿势"命令，在该帧中选择骨骼，调整骨骼的位置或旋转角度，此时 Flash 将在该帧创建关键帧，按【Enter】键测试动画即可看到创建的骨骼动画效果了。

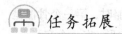
任务拓展

请尝试为火柴人添加更多的动作效果。

项 目 九

综合实例

【项目引言】

通过综合实例的制作练习，进一步提高 Flash 中各种技术的综合运用能力。

【职业能力目标】

1. 提高学生利用绘图工具、文本工具等创建动画角色的能力。
2. 提高学生对图片素材、声音素材的处理和运用能力。
3. 提高学生广告设计能力。

任务一　综合实例——化妆品广告

 任务情境

　　本案例是一个化妆品广告，整个广告以黑、红色调为主，使画面看起来具有神秘感和厚重感，主要设计并制作了两个画面轮流切换，画面新颖靓丽，极具吸引力，具有很好的宣传效果。

 任务分析

　　广告效果如图 9-1-1 所示。

（a）

（b）

图 9-1-1　效果图

【设计思路】

（1）新建 Flash 文档，并设置文档属性，然后将素材导入库中。

（2）新建 3 个影片剪辑元件：

① 广告语 1——制作动态的广告语。

② 广告语 2——制作动态的广告语。

③ 瓶子——制作 3 个装化妆品瓶子的动态效果。

（3）把上述元件拖入相应图层。

（4）在每个图层中把相应的素材从"库"面板中拖入舞台，制作成动态效果。

任务实施

1. 新建文档，制作影片剪辑元件"广告语 1"

① 新建文档，设置其舞台大小为 980 像素 × 526 像素，背景颜色为"黑色"，如图 9-1-2 所示。按【Ctrl+Shift+S】组合键打开"另存为"对话框，将文档以"广告"为名称保存。按【Ctrl+R】组合键打开"导入"对话框选择所需素材导入库中。

图 9-1-2　设置文档属性

② 首先，按【Ctrl+F8】组合键制作一个"广告语 1"的影片剪辑元件。在影片剪辑的编辑状态，首先用文本工具输入如下图广告语，文字设置为：白色、微软繁琥珀、34，把文字全部选中，按【Ctrl+B】组合键打散，右击在弹出的快捷菜单中选择"分散到图层"命令，把每个字间隔 15 帧插入关键帧，并设置为传统补间动画，使文字在动画播放时呈现由右到左，由小到大的变化过程，如图 9-1-3 所示。

③ 新建一个图层命名为"英文"，在第 104 帧处按【F7】键插入空白关键帧，用文本工具输入英文文字设置为：白色、宋体、15，如图 9-1-4 所示。

④ 在"英文"图层上面新建一个图层，并命名为"矩形"，并在该图层的第 104 帧处按【F7】键插入空白关键帧，用矩形工具绘制一个矩形，接下来在"矩形"图层的第 135 帧处插入关键帧，创建传统补间动画。在第 135 帧处调整矩形，把下层文字全部遮住，并把该图层设置为遮罩层，实现英文从左到右慢慢呈现的效果，如图 9-1-5 所示。

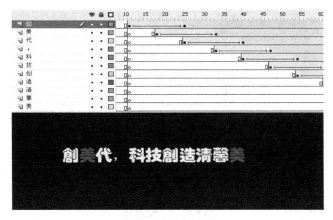

图 9-1-3 制作文字动画

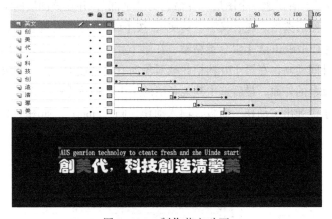

图 9-1-4 制作英文动画

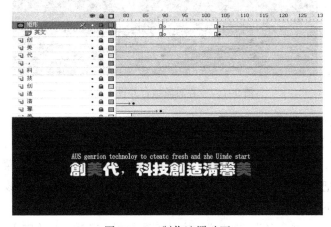

图 9-1-5 制作遮罩动画

⑤ 在"矩形"图层上面新建一个图层，并命名为"花"，并在该图层的第 1 帧处，用钢笔工具绘制花形状的图形，在第 11 帧处按【F6】键，插入关键帧，并把第 11 帧的"花"用任意变形工具拉大，创建传统补间动画，使"花"在动画播放时呈现由小到大的变化过程，如图 9-1-6 所示。

图 9-1-6　绘制花

⑥ 在"花"图层上面新建一个图层，并命名为"全部"，并在该图层的第 155 帧处按【F7】键插入空白关键帧，然后选中"花、汉字、英文"，按【Ctrl+C】组合键复制，再单击"全部"图层的第 155 帧，按【Ctrl+Shift+V】组合键粘贴，在第 160 帧和第 185 帧处分别按【F6】键插入关键帧，并创建传统补间动画，在第 170 帧把此帧对象向右稍稍移动一点，在第 185 帧把此帧对象向左移，一直移到舞台的外面，最后选中其他各层的第 155 帧按【F7】键插入空白关键帧，选中第 185 帧处按【F9】键弹出"动作"面板，输入动作代码"Stop()"，如图 9-1-7 所示。

图 9-1-7　各对象组合并设置动画

2. 制作影片剪辑元件"广告语 2"

① 按【Ctrl+F8】组合键，新建一个"广告语 2"的影片剪辑元件，用文字工具输入"清馨水"，在图层 1 选中文字，按【Ctrl+B】组合键，把文字打散，右击在弹出的快捷菜单中选择"分散到图层"命令，然后把每个字间隔 7 帧插入关键帧，并设置为传统补间动画，设置文字的动画播放效果是呈现由上到下，由大到小的变化过程，如图 9-1-8 所示。

② 新建一个图层，并命名为"小字"，并在该图层的第 19 帧处按【F7】键插入空白关键帧，用文本工具输入"美丽女人精华液"，文字设置为：红色、楷体、29 点，然后在"小字"图层上面新建一个图层，并命名为"方块"，并在该图层的第 19 帧处，用矩形工具绘制一个红色矩形，并在第 27 帧处，按【F6】键插入关键帧，设置为传统补间动画，在第 27 帧处把红色矩形向左移动，直至完全遮住红色小字，最后把该图层设置为遮罩层，如图 9-1-9 所示。

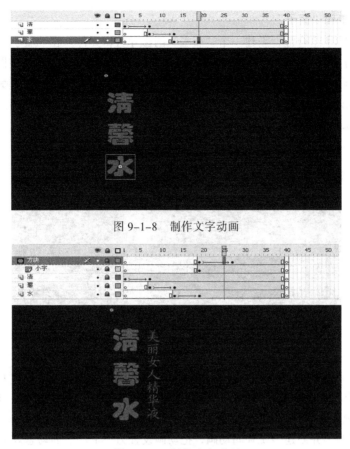

图 9-1-8　制作文字动画

图 9-1-9　制作小字动画

③ 在"方块"图层上面新建一个图层，并命名为"全部"，并在该图层的第 40 帧处按【F7】键插入空白关键帧，然后选中全部文字，按【Ctrl+C】组合键复制，再单击"全部"图层的第 40 帧，按【Ctrl+Shift+V】组合键粘贴，在第 50 帧处按【F6】键插入关键帧，并创建传统补间动画，在第 50 帧把此帧对象向左稍稍移动，最后选中其他各层的第 40 帧处按【F7】键插入空白关键帧，选中"全部"图层的第 50 帧，按【F9】键弹出动作面板，输入动作代码"Stop()"，如图 9-1-10 所示。

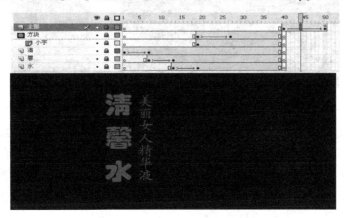

图 9-1-10　组合对象并设置动画

3. 制作影片剪辑"瓶子"

① 按【Ctrl+F8】组合键，新建一个"瓶子"的影片剪辑元件。在"瓶子"影片剪辑元件编辑状态，按【F11】键，在弹出的"库"面板中把"瓶1"图片素材拖入舞台。在图层1命名为"瓶1"然后在第15帧和第30帧分别按【F6】键插入关键帧，并创建传统补间动画，把第1帧的元件透明度设置为0%，把第15帧的元件向左移动一点，在动画播放时慢慢呈现，然后再向左移动一段距离，如图9-1-11所示。

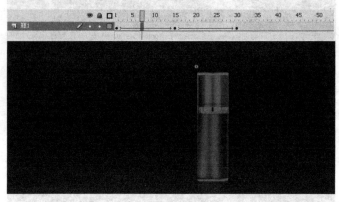

图 9-1-11　制作"瓶1"动画

② 在"瓶1"图层上面新建一个图层，命名为"白方块"，在该图层的第1帧，绘制一个与瓶1图片一样大小的矩形，用线形填充。在"白方块"图层上面新建一个图层，命名为"红方块"，在该图层的第1帧，绘制一个平行四边形方块，填充色为红色，然后在第8帧和第15帧分别按【F6】键插入关键帧，并创建传统补间动画，把动画设置为一下一上的动态效果，然后把该层设置为遮罩层，如图9-1-12所示。

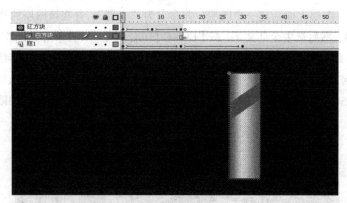

图 9-1-12　制作矩形光斑遮罩动画

③ 在"红方块"图层上面新建一个图层，命名为"瓶2"，在该图层的第27帧，按"F7"插入空白关键帧，按【F11】，在弹出的"库"面板中把"瓶2"图片素材拖入舞台，放在瓶1的左边，透明度设置为17%，然后在第38帧按【F6】键插入关键帧，把该帧图片再右移动一点，透明度设置为100%，创建传统补间动画，设置动画效果为由左向右移动，并有透明度的变化，如图9-1-13所示。

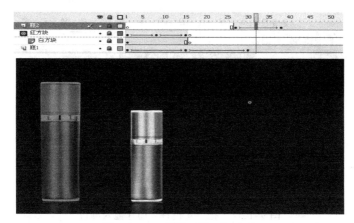

图 9-1-13 制作"瓶 2"动画

④ 在"瓶 2"图层上面新建一个图层，命名为"瓶 3"，在该图层的第 25 帧按【F7】键插入空白关键帧，按【F11】键，在弹出的"库"面板中把"瓶 3"图片素材拖入舞台，放在瓶 1 的右边，透明度设置为 17%，然后在第 34 帧按【F6】键插入关键帧，把该帧图片再左移动一点，透明度设置为 100%，创建传统补间动画，设置动画效果为由右向左移动，并有透明度的变化，如图 9-1-14 所示。

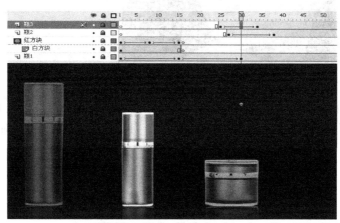

图 9-1-14 制作"瓶 3"动画

4．回到主场景，拖入图片并设置为动态效果

① 返回主场景，选择"图层 1"第 1 帧，按【F11】键，在弹出的"库"面板中把"女模特"图片素材拖入舞台，并设置为左对齐，垂直方向底对齐。把"图层 1"命名为"美女"，如图 9-1-15 所示。

② 下一步在"美女"图层中的第 20、25 帧中分别插入关键帧，然后创建传统补间动画。在"美女"图层中的第 1 帧选中图片，在"属性"面板中把图片的透明度设置为 0%，然后把图像往左移到舞台外面。在第 20 帧处将图片稍稍往左移动一点，并在第 20、25 帧处分别把图片的透明度设置为 58% 和 100%，如图 9-1-16 所示。

图 9-1-15 把"女模特"图片拖入舞台

图 9-1-16 制作"女模特"动画

③ 再创建一个新图层命名为"花 1",选择"花 1"图层的第 1 帧,按【F11】键,在弹出的"库"面板中把"花"图片素材拖入舞台,水平方向右对齐,垂直方向顶对齐,如图 9-1-17 所示。

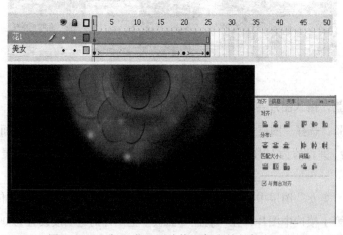

图 9-1-17 把"花"图片拖入舞台并与舞台对齐

④ 在"花 1"图层中的第 20、25 帧中分别插入关键帧,然后创建传统补间动画,在"花 1"图层中的第 1 帧选中图片,在"属性"面板中把图片的透明度设置为 0%,然后把图像往左移到舞

台外面，在第 20 帧处将图片稍稍往右移动一点，并在第 20、25 帧处分别把图片的透明度设置为 58%和 100%，如图 9-1-18 所示。

图 9-1-18　制作"花"动画

5. 在主场景，制作水滴并把已制作的 3 个影片剪辑元件拖入舞台

① 新建一个图层，并命名为"文字"。在第 50 帧按【F7】键插入空白关键帧，并选中该帧，然后按【F11】键，在弹出的"库"面板中把已创建的"广告语 1"影片剪辑元件拖入舞台，如图 9-1-19 所示。

图 9-1-19　把"广告语 1"元件拖入舞台

② 在"文字"图层上面新建一个图层，命名为"水滴"，并在该图层的第 225 帧，按【F7】键插入空白关键帧，然后用钢笔工具绘制水滴形状的图形，在第 230 帧按【F6】键插入关键帧，并创建传统补间动画，制作出水滴下滴的效果，如图 9-1-20 所示。

③ 在"水滴"图层上面新建一个图层，命名为"光斑"，并在该图层的第 230 帧，按【F7】键插入空白关键帧，然后按【F11】键，在弹出的"库"面板中把已创建的"瓶子"影片剪辑元件拖入舞台，如图 9-1-21 所示。

④ 在"光斑"图层上面新建一个图层，命名为"文字 2"，并在该图层的第 246 帧，按【F7】键插入空白关键帧，然后按【F11】键，在弹出的"库"面板中把已创建的"广告语 2"影片剪辑元件拖入舞台，如图 9-1-22 所示。

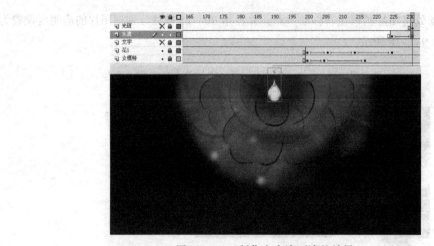

图 9-1-20　制作出水滴下滴的效果

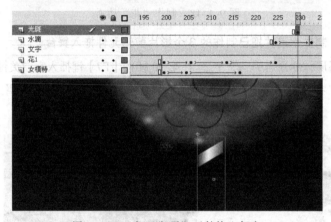

图 9-1-21　把"瓶子"元件拖入舞台

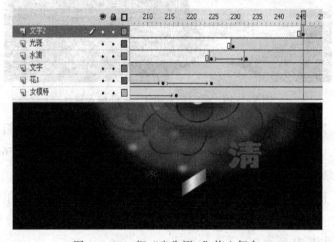

图 9-1-22　把"广告语 2"拖入舞台

6．导入声音，保存文档并测试

① 在"文字 2"图层上面新建一个图层，命名为"背景音乐"，选中该图层的第 1 帧，按【F11】

键，在弹出的"库"面板中把"音乐"声音素材拖入舞台，在第 320 帧按【F5】键插入普通帧，并在"属性"面板中，设置声音对象为"数据流"，重复 2 次播放。至此完成了广告动画的制作，按【Ctrl+Enter】组合键，对该动画的效果进行测试，如图 9-1-23 所示。

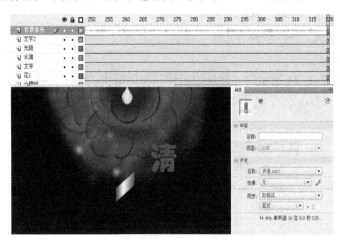

图 9-1-23　拖入声音并设置

② 选择菜单栏上的"文件"→"保存"命令，选择保存位置，将做好的动画文件存盘，按【Ctrl+Enter】组合键测试动画。

 相关知识

1．元件概念

元件，是指在 Flash 中创建并保存在库中的图形、按钮或影片剪辑，是制作 Flash 动画的最基本元素。元件只需创建一次，就可以在当前影片或其他影片中重复使用。创建的任何元件，都会自动成为当前"库"中的一部分。

在文档中使用元件可以显著地减小文件的大小，保存一个元件的几个实例比保存该元件的多个副本占用的存储空间小得多。使用元件还可以加快 SWF 文件的回放速度，因为无论一个元件在动画中被使用了多少次，播放时只需要把它下载到 FlashPlayer 中一次即可。按【F11】键可以打开"库"，查看元件。

2．元件分类

在 Flash 中，有"图形元件""影片剪辑元件"和"按钮元件"3 种元件类型。

① 图形元件：一般是一组静态的图像，也可以是一段动画。

② 影片剪辑元件：一般用来创建能重复使用的动画片段。

③ 按钮元件：可以创建用于响应鼠标单击、滑过或其他动作的交互式按钮，可以实现与动画的交互。

3．创建元件

创建元件可以通过以下两种方法：

（1）通过舞台上选定的对象创建元件

操作步骤：

① 在舞台上选择一个或多个元素，然后执行下列操作之一。

- 将选中元素拖到"库"面板上。
- 右击从快捷菜单中选择"转换为元件"命令。
- 选择菜单"修改"→"转换为元件"命令。
- 按【F11】键。

② 在弹出如图 9-1-24 所示的"转换为元件"对话框中，输入元件名称并选择类型，然后单击"确定"按钮，Flash 会将该元件添加到"库"中，舞台上选定的元素此时就变成了该元件的一个"实例"。

图 9-1-24 "转换为元件"对话框

（2）直接创建元件

① 选择菜单"插入"→"新建元件"命令，弹出如图 9-1-25 所示的"创建新元件"对话框，输入元件名称并选择类型，单击"确定"按钮即可。

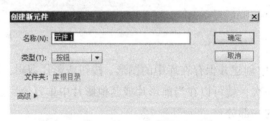

图 9-1-25 "创建新元件"对话框

② 在元件编辑窗口中，可以使用绘制工具绘制、导入外部的素材、拖入其他元件的实例等方法制作元件。制作完成后，单击左上角的"场景 1"按钮，退出元件编辑窗口。

用这种方式创建的新元件只保存在 Flash 的"库"中，并不在工作区中显示。

4．元件的应用

（1）创建实例

创建实例是元件的具体应用形式。实例是指位于舞台上或嵌套在另一个元件内的元件副本。将元件从"库"面板拖入工作区，就可以创建该元件的一个实例。在文档的任何位置，包括在其他元件的内部，都可以创建元件的实例，通过一个元件可以创建多个实例。

（2）设置实例的属性

元件的每个实例都可以拥有各自独立于该元件的属性。当修改元件时，Flash 会自动更新元件的所有实例，而对实例所做的更改只会影响实例本身，并不会影响元件。可以在"属性"面板中，更改实例的名称、色彩、类型等属性。

任务拓展

试一试，制作一个品牌的计算机销售广告。

任务二　综合实例——汽车广告

任务情境

本案例制作的是一个汽车网站的片头动画，通过制作汽车驰骋的动态，搭配文字闪动效果，使画面呈现出具有现代感的动态效果。

任务分析

动画效果如图 9-2-1 所示。

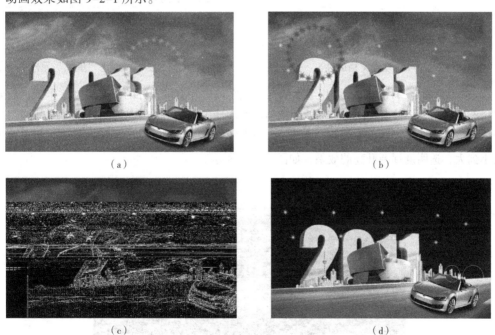

（a）　　　　　　　　　　　　　（b）

（c）　　　　　　　　　　　　　（d）

图 9-2-1　效果图

【设计思路】

（1）新建 Flash 文档，然后将素材导入库中。

（2）新建几个影片剪辑元件：星星、特殊地光效、礼花 1、绽放礼花。

（3）在每个图层中把相应的素材从"库"面板中拖入舞台。

（4）把拖入舞台的素材，做成动画效果。

⚙ 任务实施

1. 新建文档，制作"星星"影片剪辑元件

① 新建一个 Flash 文档并设置其属性，设置其舞台大小为 980 像素×586 像素，背景改成"黑色"，帧频改成"24"，按【Ctrl+Shift+S】组合键，以"汽车广告"为名保存文件，如图 9-2-2 所示。

② 首先创建"星星"影片剪辑元件。按【Ctrl+F8】组合键，弹出"创建新元件"对话框，在名称文本框中输入"星星"，在类型中选择"影片剪辑"，如图 9-2-3 所示。

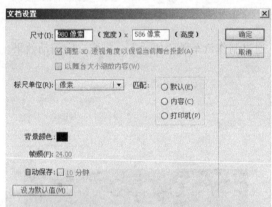

图 9-2-2　设置文档属性　　　　　　　　图 9-2-3　创建"星星"元件

③ 单击"确定"按钮进入影片编辑状态，先在该影片剪辑元件的下层绘制一个圆，放射状填充，上层绘制一个放射状图形，然后创建传统补间动画，在第 25 帧处插入关键帧，从第 1～25 帧的动画效果设置为星星由大到小，透明度逐渐降低的效果，从第 26～30 帧的动画效果设置为星星由小到大，透明度逐渐升高的效果，如图 9-2-4 所示。

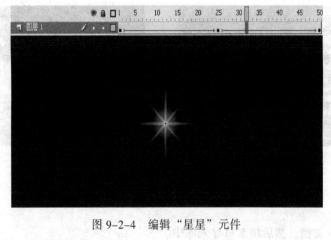

图 9-2-4　编辑"星星"元件

2. 制作"特殊地光效"影片剪辑元件

① 新建一个"特殊地光效"的影片剪辑元件。在影片编辑状态，在第 1 帧处绘制两个圆，如图 9-2-5 所示。

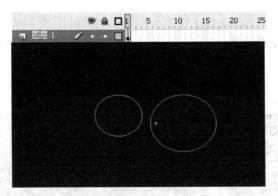

图 9-2-5　绘制两个圆

② 把"星星"影片剪辑元件拖入舞台，调整其位置，在第 15 帧处按【F6】键插入关键帧，创建传统补间动画，动画效果设置为由大变小，由明变暗的过程，然后再建两个图层，把"图层1"的 1～20 帧选中复制，分别粘贴在图层 2 和图层 3 的第 15 帧和第 30 帧，最后在各层的第 100帧，按【F5】键插入普通帧，如图 9-2-6 所示。

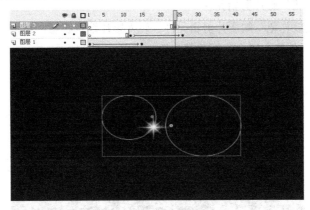

图 9-2-6　制作光效

3. 制作"礼花 1"影片剪辑元件

① 创建名为"礼花"的影片剪辑元件，转入影片编辑状态，在该影片剪辑的第 1 帧，把"星星"影片剪辑元件拖入舞台，调整其位置，如图 9-2-7 所示。

图 9-2-7　拖入"星星"元件

② 在第 10～15 帧，分别按【F6】键插入关键帧，创建传统补间动画，通过透明度的设置，把第 1～10 帧的动画效果设置为由左向右运动，把第 10～15 帧的动画效果设置为由明变暗，最后在第 50 帧处按【F5】插入普通帧，如图 9-2-8 所示。

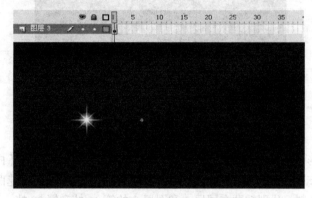

图 9-2-8　制作 "星星" 动态效果

4．制作 "绽放礼花" 影片剪辑元件

① 创建名为 "绽放礼花" 的影片剪辑元件，转入影片编辑状态，在该影片剪辑的第 1 帧，把 "礼花" 影片剪辑元件拖入舞台，调整其位置，如图 9-2-9 所示。

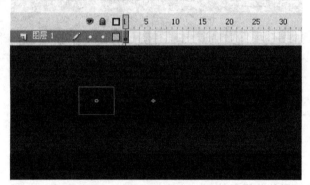

图 9-2-9　拖入 "礼花" 元件

② 按【Ctrl+T】组合键，弹出 "变形" 面板，在面板中，把旋转角度设置为 25°，然后多次单击 "重制选区和变形" 按钮，直至复制对象形成一圈，如图 9-2-10 所示。

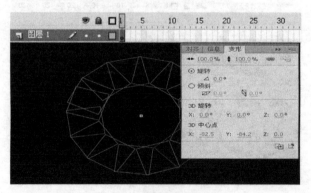

图 9-2-10　制作绽放礼花

5. 返回主场景，把库中图片拖入舞台并设置动态效果

① 返回主场景，把"图层 1"命名为"背景"，选择"背景"图层第 1 帧，按【F11】键，在弹出的"库"面板中把"背景"图片素材拖入舞台，按【Ctrl+K】组合键，利用弹出的对齐面板，把图片调整与舞台大小一致，并与舞台对齐，然后在第 50 帧、第 100 帧、第 150 帧和第 200 帧分别插入关键帧，创建传统补间动画，把第 1 帧、第 100 帧、第 200 帧的图片透明度设置为 100%，其他各关键帧的图片透明度设置为 0%，如图 9-2-11 所示。

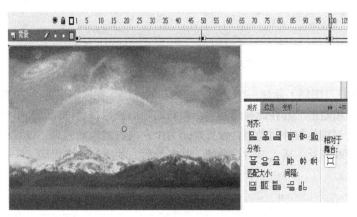

图 9-2-11　把背景图处拖入舞台并与舞台对齐

② 新建一个图层，并命名为"2011"，按【F11】键，在弹出的"库"面板中把"2011"图片素材拖入舞台。选择"2011"图片，按【F8】键，转换为影片剪辑元件，名称为"2011"，如图 9-2-12 所示。

图 9-2-12　把图片转换为影片剪辑元件

③ 双击该影片剪辑元件，进入该影片剪辑元件的编辑状态，把图层 1 命名为"2011"，在第 20、50 帧中分别插入关键帧，在第 1～20 帧，创建传统补间动画，设置动画为由下而上运动效果，在第 50 帧处按【F5】键，插入普通帧，并删除补间，然后在"2011"图层上新建一个名为"白 2011"图层，在该图层的第 20 帧处，按【F7】键插入空白关键帧，选中此帧，按【F11】键，在弹出的"库"面板中把"2011"图片素材拖入舞台，在属性面板中设置其色调为白色，如图 9-2-13 所示。

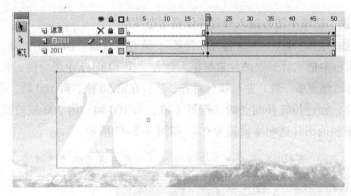

图 9-2-13　编辑 "2011" 元件

④ 在 "白 2011" 图层上新建一个名为 "遮罩" 的图层，在该图层的第 20 帧处，按【F7】键插入空白关键帧，用矩形工具在此帧绘制一个倾斜的矩形，用白色填充，在第 50 帧处按【F6】键，插入关键帧，创建传统补间动画，设置动画为由左向右的运动效果，设置该图层为遮罩层，在所有图层的第 100 帧处，插入空白关键帧，并在最后一帧添加动作代码 "Stop()"，如图 9-2-14 所示。

图 9-2-14　制作光斑闪烁效果

⑤ 返回主场景，在 "2011" 图层上面新建一个图层，命名为 "路建筑"，然后按【F11】键，在弹出的 "库" 面板中把相关建筑物的图片素材拖入舞台，并调整其位置，如图 9-2-15 所示。

图 9-2-15　把其他背景图片拖入舞台

⑥ 在"路建筑"图层上面新建一个图层，命名为"汽车"，选择"汽车"图片，按【F8】键，转换为影片剪辑元件，名称为"汽车"，如图 9-2-16 所示。

图 9-2-16 把汽车图片拖入舞台并转换为元件

⑦ 双击该影片剪辑元件，进入该影片剪辑元件的编辑状态，把图层 1 命名为"汽车"，在第 11、25 帧中分别插入关键帧，创建传统补间动画，在第 1 帧和第 25 帧处选中汽车，设置其模糊效果，最后动画为由右向左运动，由模糊到清晰效果，如图 9-2-17 所示。

图 9-2-17 设置汽车的奔驰效果

⑧ 在"汽车 1"图层上面新建一个图层，命名为"光效"，在第 25 帧处，按【F7】键插入空白关键帧，再按【F11】键，在弹出的"库"面板中把"光效"影片剪辑元件拖入舞台，放在汽车图片上方，如图 9-2-18 所示。

⑨ 返回主场景，在"汽车"图层上面新建一个图层，命名为"礼花"，选择该图层的第 1 帧，按【F11】键，在弹出的"库"面板中把"绽放礼花"影片剪辑元件拖入舞台，按【F8】键，把它转换为影片剪辑元件，命名为"礼花 2"，如图 9-2-19 所示。

图 9-2-18　把"光效"元件拖入舞台

图 9-2-19　把"绽放礼花"元件拖入舞台并转换为"礼花 2"元件

⑩ 单击"转换为元件"对话框中的"确定"按钮，进入该影片剪辑元件的编辑状态，在元件中新建 3 个图层，再把"库"面板中的"缤纷礼花"分别拖入每一层的第 1 帧，然后把图层 2、图层 3、图层 4 的关键帧分别向右拖动到 20 帧、40 帧、60 帧，最后把每一层的对象的大小、透明度和色调进行调整，使播放时呈现不同的色彩，如图 9-2-20 所示。

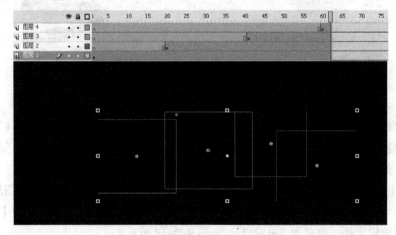

图 9-2-20　编辑"礼花 2"元件

⑪　返回主场景，在"礼花"图层上面新建一个图层，命名为"星星"，选择该图层的第 1 帧，按【F11】键，在弹出的"库"面板中把"星星"影片剪辑元件拖入舞台，然后调整其位置和大小，至此完成了汽车广告动画的制作，如图 9-2-21 所示。

图 9-2-21　制作群星闪烁效果

6. 保存文件，测试动画

选择菜单栏上的"文件"→"保存"命令，选择保存位置，将做好的动画文件存盘，按【Ctrl+Enter】组合键测试动画。

 相关知识

Flash 中的声音

用途：Flash 提供了多种实用声音的方式。恰当运用声音，可以使 Flash 动画更具表现力。声音既可以独立于时间轴连续播放，也可以同步时间轴播放。向按钮添加声音可以使按钮具有更强的互动性，设置声音的淡入淡出效果还可以使音轨更加完美。

Flash 中有两种声音类型：事件声音必须完全下载才能开始播放，除非明确停止，它将一直连续播放。音频流在前几帧下载了足够的数据后就开始播放，音频流可以与时间轴同步。

（1）导入声音

使用声音前要先把它导入文档，导入的声音保存在"库"中，可以像使用其他库项目一样使用声音。Flash CS3 支持以下格式的声音文件：WAV、MP3、AIFF、SunAU 和只有声音的 QuicTime 影片。导入步骤如下：

① 执行菜单"文件"→"导入"→"导入到库"命令。

② 在"导入"对话框中，定位并打开所需的声音文件。

（2）设置声音属性

选择"时间轴"上要添加声音属性的帧，然后打开如图 9-2-22 所示的"属性"面板，设置声音属性，选择声音类型。

① 单击"声音"下拉列表，可以显示"库"中所有声音的列表，如图 9-2-22 所示。选择一个声音，就可以把它添加到"时间轴"上。选择"无"，不会添加声音，如果所选帧上已经存在声音，选该项则删除声音。

② 单击"效果"下拉列表，可以显示可设置声音的声道和音量变化效果，如图 9-2-23 所示，可从中选择一种声音效果。

图 9-2-22　选择声音

图 9-2-23　设置声音效果

③ 单击"同步"下拉列表，如图 9-2-24 所示，可以显示 4 个选项：

- 事件：会将声音和一个事件的发生相关联，只有当事件被触发时，才会播声音。声音独立于"时间轴"完整播放，另一个声音可以同时开始播放，它们会混合在一起。
- 开始：与"事件"选项的功能相近，但是如果声音已经在播放，选择该项后，新声音就不会播放。
- 停止：使指定的声音静音。
- 数据流：可以边下载边播放声音，声音与动画同步播放。

（3）应用声音

在 Flash 中使用声音的常用方法有两种：

① 直接将库中的声音文件放置在"时间轴"上，然后设置声音的同步和效果即可。特点：简单直观，但不能为 ActionScript 所使用，缺乏灵活性。

② 先将库中声音文件链接为 ActionScript 导出后，在 ActionScript 中使用它，这是大多数游戏所采用的方法。

图 9-2-24　设置播放方式

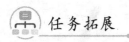 任务拓展

试一试，制作一个汽车广告。